REPENSAR
NUESTRA CULTURA

Primera edición: noviembre de 2012

Repensar nuestra cultura
© 2012, de los textos, Gonzalo Mateo Sanz, Roberto Parra Cremades y Pablo Mendoza Casp, Valencia
© 2012, de la edición José Luis Benito Alonso, Jolube Consultor y Editor Botánico, Jaca (Huesca)

Printed in Spain – Impreso en España

ISBN: 978-84-939581-1-4
Depósito legal: HU 367-2012

Edición y maquetación:
Jolube Consultor y Editor Botánico, Jaca (Huesca)
jolube@jolube.es
www.jolube.es

Impreso en Publidisa, Sevilla

Gonzalo Mateo Sanz

Roberto Parra Cremades

Pablo Mendoza Casp

REPENSAR
NUESTRA CULTURA

INTRODUCCIÓN

El descontento con la situación actual aumenta en nuestra sociedad cada día. Es necesario cambiar de paradigmas, buscar de manera creativa nuevas perspectivas y fundamentarlas sólidamente para que nos sirvan de punto de partida en nuestro camino hacia nuevos horizontes.

El presente libro pretende contribuir a este fin abordando de forma poco convencional algunos temas esenciales.

Así, el primer artículo es una breve denuncia que pretende hacer despertar nuestra consciencia para que nos demos cuenta de las manipulaciones de las que somos víctimas.

El segundo artículo pretende aportar un poco de aire fresco en la densa atmósfera de esta sociedad, que nos ayude a comprender que hay que devolver a la Naturaleza la prioridad máxima que le corresponde en la atención política y social.

El tercer artículo nos recuerda que cada uno de nosotros tenemos una responsabilidad individual ineludible en temas medioambientales.

El cuarto y último supone una puesta al día de las consecuencias filosóficas de los últimos avances científicos, basándose en las cuales podemos reflexionar sobre una filosofía y una ética renovadas que sin duda desafían bastantes esquemas preestablecidos.

Los textos viene firmados por:

Gonzalo Mateo Sanz, nacido en 1953, es doctor en Ciencias Biológicas por la Universidad de Valencia.

5

Roberto Parra Cremades, nacido en 1969, es doctor en Ciencias Biológicas por la Universidad de Valencia.

Pablo Mendoza Casp, nacido en 1969, es doctor en Filología inglesa y alemana por la Universidad de Valencia.

Valencia, octubre de 2012.

LA MANO NEGRA

Por Gonzalo Mateo

Introducción

El saber popular dice a menudo que "ha habido una mano negra" que ha hecho que ocurriera tal o cual acontecimiento desagradable que no se esperaba.

Se dice cuando se supone que no ha sido por azar, pero tampoco se conoce una causa clara ni se ven evidencias que señalen a un culpable concreto. Suele haber sospechas (a veces por aquello de ¿quién se beneficia del crimen?).

Para que haya una "mano negra" es necesario que ocurra un acontecimiento negativo de cierta importancia (un atentado, un accidente de un personaje de renombre, una epidemia, una declaración de guerra) que a veces se presenta con lo que parece una forzada espontaneidad y que convence a las mayorías de que ha sido por azar, aunque algunas minorías investiguen y se pregunten por las debilidades de las explicaciones "oficiales". Otras veces parece haber un claro culpable o "chivo expiatorio", al que las autoridades y medios de comunicación dirigen la atención de la población mientras le alejan de las causas reales.

¿Qué pretende la *mano negra*?

La *mano negra* intenta promover entre los humanos cuestiones tan variadas como las siguientes:

El miedo: Que los humanos no puedan vivir tranquilos y relajados.

La culpa: Que los humanos piensen que son unos inútiles, metepatas, ignorantes, con baja autoestima.

La ignorancia y el engaño: Que no accedamos al conocimiento. Que demos por bueno lo que es malo para nosotros y viceversa. Que tengamos como verdad lo que es falso y viceversa.

La trivialización: Que desdeñemos los asuntos importantes, que dediquemos nuestra atención a nimiedades, que nos apasionemos por banalidades inconsistentes.

La dependencia: El trabajo asalariado, el abandono de las tierras de cultivo y de las actividades tradicionales que fomentan la autosuficiencia, la "globalización" que obliga a depender de recursos lejanos, etc.

La explotación: Su escenario ideal sería aquel en que las masas de la población estuvieran sometidas a la esclavitud. Donde pueden, lo hacen; donde resulta complicado, fuerzan a situaciones que se le parezcan lo más posible.

La división y el racismo: Primero que se recele de los otros. Que haya desunión entre los humanos. Que se sobrevalore lo individual o de la propia "tribu" y se desprecie o sean mal vistas las otras razas y culturas.

La intolerancia y la xenofobia: Una vez son mal vistas, dar el paso sutil hacia el actuar contra lo que se percibe como afuera. Y –cómo no– los temidos cuatro jinetes del Apocalipsis:

La guerra: Si los "otros" son malos, y nos acostumbramos a atacarlos en cuanto encontramos excusa para ello, está sembrada la raíz para dar el paso siguiente: formar un ejército para destruirlos. Desde que comenzó la historia de la humanidad, uno de los acontecimientos más reiterados ha sido la guerra. También se ha potenciado la figura del guerrero como el héroe por excelencia (desde los nativos más perdidos en la selva hasta las civilizaciones más avanzadas). En los tiempos actuales ha perdido mucho de aquel *glamour*, pero nunca ha habido tanto material en los arsenales.

El hambre: Detrás de las guerras siempre ha habido desabastecimiento y malnutrición, al destruirse los recursos para la subsistencia. Donde no las hay se propone el fomento de la natalidad y el que las poblaciones aumenten tanto que no puedan subsistir y se vean inducidas a las secuelas habituales: la miseria, la escasez, la emigración.

La enfermedad: Se nos propone y fomenta un tipo de alimentación y unas prácticas sanitarias que dificultan la salud, la vida en plenitud y la completa lucidez. Donde la esperanza de vida ha aumentado, más aún lo ha hecho el número de enfermedades que acumula a sus espaldas la población.

La muerte: Paradójicamente, después de promover la natalidad, promueven que desaparezca el mayor número de humanos posibles para seguir sembrando el miedo entre los que queden, que genere odios y divisiones, que siembren racismos y xenofobias, que aseguren la aparición de nuevas guerras, etc.; en una perpetuo círculo vicioso.

¿Dónde está la mano negra?

Esa mano negra está en muchos lugares. *Por sus frutos la conoceréis*. Siempre que algo promueve las anteriormente citadas "lindezas", ella está detrás. Siempre que algo procura ir en la dirección contraria, ella se moviliza en su contra. Esa *mano negra* ha actuado impunemente en la sombra, mientras en la vida pública lucía enguantada de blanco. Una *mano negra* dirige los gobiernos de todo el mundo. Los dictatoriales porque los pone y los democráticos porque ofrece dos posibilidades a la gente para que elijan, siendo ambos de sus "protegidos".

Una *mano negra* dirige las religiones, para promover el integrismo, la intolerancia, el sentimiento de culpa, etc. Es el "departamento" más importante y rentable de ese negocio, ya que nadie como ellas para sembrar de golpe tantos de sus "postulados" (miedo, odio, culpa, dependencia, etc.).

Una *mano negra* dirige la economía global y local, en la dirección que beneficia a una minoría exigua, procurando explotar a la mayoría.

Una *mano negra* dirige los medios de comunicación de cierta entidad. Los conservadores y los progresistas, los tirios y los troyanos..., los escritos, visibles o audibles..., todos.

Una *mano negra* dirige la "maquinaria" médica del planeta, imponiendo dogmas, vacunas, fármacos, etc.; mientras lucha sin piedad contra algunas buenas gentes que desean promover la salud.

Una *mano negra* dirige nuestro hábitos alimenticios, procurando retirar todo lo natural y tradicional, mientras promueve los OGM y la comida-basura.

Una *mano negra* dirige el tráfico de drogas. Con ello saca enormes dividendos y consigue adormecer y limitar la capacidad crítica de la población, sobre todo de la juventud.

Una *mano negra* dirige la carrera armamentística. Otro de los grandes negocios para sus promotores, que es esencial para que pueda seguir habiendo guerras y otras de las calamidades indicadas.

Una *mano negra* dirige la biosfera hacia la destrucción de los bosques y la contaminación de ríos y mares.

Una *mano negra* dirige la industria química para que la tierra quede desfigurada y muerta bajo toneladas de productos tóxicos sólidos, las aguas de líquidos y el aire de gases.

Una *mano negra* dirige la poderosa e influyente industria cinematográfica mundial, para que siga fomentando el miedo, la violencia, el machismo, la trivialización, etc.

Una *mano negra* dirige la industria petrolera y energética en general, para amasar grandes fortunas a costa de la salud del planeta y sus habitantes.

Una *mano negra* dirige las actuaciones judiciales en todos los países. Dice cuándo un mafioso ha de salir de la cárcel, cuándo un juez ha de ser apartado, etc.

Una *mano negra* dirige la ONU en su empeño por impedir la concordia en la humanidad y que los problemas planetarios vayan siempre a más. ¿Qué decir de sus insignes dependencias (la UNESCO, la FAO, la OMS...)?

Una *mano negra* dirige el deporte internacional y ya se encarga de sacar un caso de dopaje, un accidente,..., para los que no se agachan ante sus dictados. Etc., etc.

POR EL PLANETA Y LA VIDA

Por Gonzalo Mateo

Introducción

Después del manifiesto "Indignaos" (S. Hessel), que tuvo la virtud de ser un buen revulsivo para despertar conciencias y abrir debates, surgió el –mucho más matizado y atinado– "Reacciona" (R.M. Artal y otros), con diez artículos que van a la raíz de los problemas socio-económicos (del mundo, aunque ejemplificados en España), que hablan en un lenguaje directo y desde una actitud de deseo de cambios profundos, a la que no es ajena una pasión que resulta soplo de aire fresco en estos tiempos.

En este libro leemos: "Hemos aceptado sin reservas que los líderes políticos transmitan ignorancia. No nos escandalizamos ante la imagen grotesca de altos cargos que no hablan idiomas, se expresan con dificultad, leen como chavales de primaria o se insultan y faltan al respeto... Todo esto quizá le parezca apocalíptico. Esa es mi intención. En esta sociedad todo, incluido este texto, tiene una vida muy breve, así que alguien que pretenda hacerse oír debe obligatoriamente gritar" (p. 144-145).

Esta otra cita me pareció dirigida a mí mismo: "Teje y ayuda a tejer. Avispas, abejorros, moscas, incluso alguna avutarda y reptil quedarán detenidos en la tela. No te quedes solo en casa con tu información. Sal. Comparte. Actúa." (p. 110). Es por ello que me animo a añadir lo que podría ser un capítulo más a este libro, en el tema que para mí es más sensible y me es más cercano por mi trayectoria profesional y humana: el ecológico.

En todo caso, quiero huir del lenguaje científico, al que acostumbro en mis escritos académicos, y pasar a otro más humano, desde la emoción más que desde la razón.

Las sociedades humanas ante la naturaleza

Es muy fácil encontrar motivos de asombro e indignación ante la marcha de los asuntos económicos y políticos en cada país de este planeta y en su conjunto, pero –si los pueblos despertaran y decidieran cambiar las cosas– en unos días, unos meses, pocos años, habría cambios drásticos, rápidos y profundos en la organización social.

Pero si hablamos del estado del planeta que nos alberga, los motivos –no ya de indignación sino de grave alarma- son mucho mayores. Primero por la gran cantidad de asuntos que no van bien encauzados y segundo por los muchos años que harán falta para reparar los daños, cuando por fin nos decidamos a empezar.

Hace mucho tiempo los humanos eran pocos, vivían en grupos reducidos y obtenían sus recursos del medio de modo sostenible sin que su paso por el planeta supusiera impacto alguno. Todavía quedan sociedades así (sociedades tribales), pero absolutamente marginales y minoritarias. Después se organizaron las sociedades rurales, predominantes hasta hace poco, que vivían de la transformación profunda del medio para la explotación agrícola, ganadera, forestal, etc. Su explosión demográfica –y el progresivo aumento de la capacidad para obtener más recursos– supuso una fuerte transformación de los territorios en que se instalaban. Pero ha sido la llegada de los últimos tiempos, con la sociedad tecnológica (o de consumo), que ha traído consigo un aumento exponencial en la demanda de recursos naturales (para cubrir necesidades reales o ficticias) y la capacidad de obtenerlos con facilidad.

Hemos llegado a la paradoja de que para mantener nuestro actual "tren de vida", necesitamos quemar la madera de los vagones, lo que es un modo de proceder que tiene sus días contados.

El presente manifiesto pretende llamar la atención acerca de los valores ecológicos sobre los que mucho se habla y poco se actúa, pero va a empezar por reflexionar sobre un concepto que parece no tener nada que ver con el asunto:

Lo sagrado

Una palabra que algunos emplean mucho y que suele aplicarse a edificios o espacios artificiales (iglesias, sinagogas, cementerios) relacionados con las ceremonias religiosas o los difuntos, también a las mismas ceremonias y ritos de esas religiones, a todos los objetos (ropajes, etc.) que se emplean en ellas, a determinados animales que se "sacrifican" o se respetan (vaca sagrada) por motivos religiosos y asimismo a ofrendas sacrificiales de objetos inertes o alimentos.

Algunos hombres y mujeres de bien consideran sagrada su palabra y no faltan a ella bajo ningún concepto. Metafóricamente se aplica a las cosas tenidas por más valiosas, a las que se da mayor importancia, aunque no tengan connotación religiosa (el trabajo, el sueldo, la propiedad, el dinero...), lo que nos da una pista sobre qué es lo que más valora en realidad la gente.

En la antigüedad –y en sociedades tribales que han llegado a nuestros días– eran sagrados el sol, la tierra, las montañas, los ríos, los animales... la naturaleza en fin. Consecuencia de esas creencias era una actitud de respeto y veneración mucho más profunda, práctica e integrada que las que pueda tener la humanidad actual, incluso los grupos más concienciados.

En un momento dado surgen religiones organizadas, cuyos dirigentes y sacerdotes promueven que los pueblos pongan su atención en el más allá, en otros planos de existencia y en dioses o seres inmateriales que los habitan y a los que acceder tras la muerte; proponen nuevas visiones sobre lo sagrado mientras omiten cualquier referencia a la sacralidad de la naturaleza y abogan por su explotación inmisericorde (el hombre "rey de la creación").

Han sido muchos siglos regidos por estos principios, aunque la relativamente limitada capacidad de acción sobre el entorno permitió mantener grandes espacios fuera de la acción destructiva de la actividad humana. Pero durante la segunda mitad del siglo XX se hizo evidente que estábamos en una espiral de destrucción que amenazaba con colapsar la vida y las fuentes de la riqueza en plazo no muy largo.

Ante esta situación somos muchos los que, viendo la tibieza de las sociedades humanas en la defensa de los valores ecológicos, creemos necesaria una redefinición de lo sagrado, que recupere los valores de nuestros remotos antepasados. Según este planteamiento la idea de lo SAGRADO estaría referida a TODO AQUELLO QUE ES IMPRESCINDIBLE PARA VIVIR Y QUE NO SOMOS CAPACES DE REPONER SI SE PIERDE. Por ejemplo: el dinero, los edificios o los objetos no pueden ser sagrados porque se puede vivir sin ellos y se pueden reponer si se pierden. Sagrada es ante todo *la vida* (no podemos resucitar a los muertos) y *las fuentes* que la sustentan.

16

¿Qué es esto de las fuentes de la vida?

Las indicadas *fuentes* muestran un nivel material o tangible y se relacionan con aspectos intangibles, como son los *cuatro elementos* que las tradiciones de nuestra cultura emplean para expresar las fuerzas de la naturaleza. Cuanto mayor sea el grado de pureza de estas fuentes (semejanza a su estado natural original), mayor es el nivel de salud y vitalidad de las sociedades; cuanto más degradadas y contaminadas, más se extienden las enfermedades y baja la calidad de vida, amenazando incluso su propia subsistencia.

El agua se concreta en la que circula o se deposita en los ríos, mares, lagos y arroyos. Todos los seres vivos la llevamos en alta proporción en nuestro cuerpo.

El aire consta de los gases que pueblan la atmósfera, con una composición muy concreta, que los seres vivos necesitamos como complemento de la alimentación material y la hidratación.

La tierra tiene su acepción mayor o planetaria (Tierra) y otra menor, referida a los suelos de la superficie del planeta que albergan los bosques, los campos de cultivo y la vegetación natural. En su sentido más amplio incluye estas formaciones vegetales y la fauna que la habita, por lo que también entran en este paquete nuestros alimentos sólidos.

El Sol, es la fuente más importante, pero la más lejana. Aunque no tengamos un contacto tan íntimo como con las anteriores fuentes, es de él de donde surge casi toda la energía que sustenta la vida.

Si se extinguen las plantas y animales, si se apaga el sol, si se secan o degradan las aguas, si se destruye o envenena la tierra fértil o si se modifica la composición de los gases atmosféricos, entonces tendríamos grandes problemas que impedirían o colapsarían la continuidad de la vida en general y humana en particular. La humanidad no tiene más remedio que atender a estas cuestiones con la máxima prioridad si desea sobrevivir de modo indefinido. Sin embargo, ¿cuál es la situación de estas fuentes de vida en la actualidad?

Las fuentes de la vida en la actualidad

a) **La biodiversidad.** Cada vez se habla más de la biodiversidad y su conservación, pero la realidad es que cada vez se extinguen más especies, otras entran en la categoría de *en peligro de extinción* y otras tienen su hábitat tan alterado o tan invadido por las actividades humanas, que –pese a nuestros esfuerzos (cuando los hay)– les resulta casi imposible recuperarse.

Por otro lado, nuestra sociedad urbano-tecnológica mayoritaria vive de espaldas al medio ambiente. Valora prioritariamente, y dedica lo mejor de su tiempo y sus ahorros a espectáculos y actividades deportivas, artísticas, gastronómicas, festivas, etc.; mientras ignora aspectos esenciales sobre los animales y, sobre todo, las plantas o la vegetación del planeta en general y de su entorno en particular. Difícilmente un 1 % de los habitantes de estas sociedades urbanas modernas podría citar cinco especies de árboles autóctonos de su entorno o describir la vegetación dominante del mismo.

Otra faceta a destacar es la negativa "globalización" de la biosfera. Es decir, la extinción de las especies raras y valiosas de cada región sustituidas por especies oportunistas, en general incómodas o negativas (ratas, cucarachas, *malas hierbas*), adaptadas a habitar en esa especie de "tierra quemada" en que se convierten las áreas en que se instalan las comunidades humanas actuales. A ello se añade la alarmante pérdida de diversidad en las variedades de las especies utilizadas para el consumo, afectadas por experimentos dirigidos a enriquecer desaforadamente a unos pocos a costa de degradar nuestros alimentos y convertir a los numerosos agricultores del mundo en sus clientes forzosos, sometidos a una dependencia cercana a la esclavitud.

b) **La tierra**. Es la esencial y la más afectada de todas. Cerca de las tres cuartas partes de la superficie de las tierras emergidas del planeta se encuentran profundamente transformadas por la actividad humana, habiendo perdido gran parte de sus suelos y su cubierta vegetal natural o sufrido serias mermas en ellos. La desforestación secular para obtener materias primas y combustibles, la quema para el establecimiento de pastos ganaderos, las quemas históricas de los propios bosques en prevención de enemigos emboscados o de los bosques ajenos en guerras ofensivas; la roturación para su cultivo, para el establecimiento de los núcleos de población o las vías de comunicación, los incendios frecuentes por imprudencias o intereses creados. En los países con clima seco la situación es mucho más grave, afectando en muchos casos a más del 90% del territorio.

c) **El agua**. Muchas áreas del planeta tienen graves problemas de falta de agua. En unos casos por corresponder a zonas desérticas, que reciben pocas lluvias, pero –en otros casos– las lluvias dejarían un caudal enorme de agua disponible si se conservara la cubierta vegetal. Lo que sería una fuente de gran riqueza (la lluvia) es fuente de graves daños, generados cuando cae con torrencialidad sobre tierras esqueléticas desforestadas. En todas las zonas muy pobladas se generan ingentes cantidades de aguas residuales industriales y urbanas, que se vierten a los ríos o mares más cercanos sin ninguna depuración o con un una depuración muy somera, que en ningún caso devuelve a la naturaleza el agua potable que ha circulado por ella desde hace millones de años. Tales residuos, sumados a los indiscriminados vertidos de sustancias tóxicas en las explotaciones agrícolas, tienen como destino final esos mismos ríos y mares, o bien las aguas subterráneas que alimentan a las fuentes de las –cada vez más escasas– aguas potables.

d) **El aire**. El aire no se come ni se bebe, no aporta calorías, pero –como dice el poeta– lo exigimos trece veces (más o menos) por minuto, con lo que su deterioro o empobrecimiento puede ser más letal que los del agua o la tierra, que afectan a largo plazo. No nos vale un aire cualquiera. Necesitamos una proporción de gases muy concreta, de la que sólo podemos asumir pequeñas modificaciones para vivir en este planeta. Sin embargo nuestra poco eficiente tecnología de calefacciones, vehículos a motor, etc.; así como numerosas actividades industriales, se llevan a cabo con la secuela del grave deterioro de la composición de los gases atmosféricos, incluso estratosféricos, de consecuencias serias a nivel local sobre la salud humana (sobre todo en las zonas con mayor densidad de población) pero también a nivel global o planetario.

e) **El sol**. Por fortuna el sol es relativamente joven y se encuentra tan lejos y a tan altas temperaturas, que es difícil poder ejercer acciones nocivas en su contra, por lo que se encuentra en condiciones envidiablemente mejores que los factores precedentes.

Un gran reto actual: promover el conocimiento y la sensibilidad

El problema está en la sociedad, pero lo grave es comprobar cómo tanta gente desconoce la realidad, o supone que es mucho menos importante de lo que es (*ignorancia*).

También comprobar que el problema está delante (ríos contaminados, bosques llenos de basuras, abuso de pesticidas, talas innecesarias...) y esto no parece inmutar a muchos o no es percibido como algo a lo que valga la pena dedicar su atención (*insensibilidad*).

Ante una situación así no parece que las cosas vayan a cambiar por decretos gubernamentales, sino desde abajo, persona a persona, aumentando en cada uno de los habitantes del planeta las dos cosas más importantes para que tenga lugar esta metamorfosis. Si los dos problemas esenciales son la ignorancia y la insensibilidad, la solución no sería la de promover movimientos "contra la ignorancia" o "contra la insensibilidad", sino apostar por una *pedagogía* para fomentar los conocimientos sobre el medio natural y por promover una *sensibilización* de la población, empleando todos los foros posibles (escuela, universidad, cine, T.V., internet, etc.), mediante programas multidisciplinares apoyados por los especialistas adecuados. Mientras tanto, a todos aquellos que tengan ya algún nivel de conocimientos o sensibilidad sobre estos temas, les propongo cosas concretas para aumentar la sensibilidad medioambiental y el conocimiento de estos temas:

Sí a los ríos y mares limpios. Por nuestra calidad de vida, por la flora y por la fauna: no permitamos que nadie –individuo o empresa– vierta en los espacios en que circulan o se almacenan las aguas ningún tipo de producto sólido o líquido contaminante que impida o dificulte la vida. Hay que iniciar con decisión, sin derrotismos, el camino que pueda conducir cuanto antes a que todas las aguas dulces vuelvan a ser limpias, sanas y potables (ríos, lagos, arroyos, fuentes y manantiales) y las marinas transparentes. Que podamos bañarnos en ellas sin restricciones, pasear por sus riberas con gozo, disfrutar del regreso de sus antiguos habitantes de flora y fauna.

Sí a la tierra limpia. Unámonos a la cultura que promueve no emplear venenos de ningún tipo en el campo (contra animales salvajes) o en los cultivos (plaguicidas). Generan una cadena de muertes imprevisibles que causan un deterioro en la naturaleza, que también se vuelve contra nosotros por numerosas vías. Si los cultivos son atacados por plagas o invadidos por hierbas no deseadas, hay soluciones alternativas (o se pueden encontrar) para cada situación sin pasar por insecticidas, fungicidas o herbicidas de efectos nocivos (que no podamos ingerir). Son sustancias tóxicas, que los estudios serios al respecto aseguran que enferman y matan cada año a millones de personas (especialmente los que las manipulan y vierten). Además la involuntaria destrucción de insectos, hongos y hierbas beneficiosos –que se produce como consecuencia inevitable– suele generar males mayores de los que se combaten. Y por favor, en nombre de la Tierra y de su hermosa flora, no permitamos que nadie emplee frívolamente venenos tan serios para usos completamente banales, como son los herbicidas con que muchas veces se "limpian" los bordes de caminos y carreteras.

Sí al aire limpio. Colaboremos activamente con los proyectos y actividades que procuren evitar los actuales vertidos de sustancias tóxicas al aire y sean sustituidos por otros que nos den similares servicios sin degradar la atmósfera. Caminemos, empleemos la bicicleta, consumamos productos de zonas cercanas, que no hayan hecho largos viajes a costa de quemar petróleo.

Sí a las energías limpias. Apostemos por las energías renovables más limpias y ayudemos a los equipos que las promueven. Al margen de las catástrofes de Chernóbil y la reciente de Japón, no demos apoyo a la energía atómica. Podrá ser segura en las situaciones ordinarias, pero las extraordinarias nos ponen ante riesgos tan graves que no podemos asumir. Además ¿alguien puede tener la desfachatez de decir que están resueltos temas tan esenciales como los residuos y qué hacer con las instalaciones tras acabar su vida activa?

Sí a la diversidad de la vida. Promover en nuestro entorno una *cultura de interés por toda la biodiversidad* que nos rodea, de curiosidad por los fenómenos naturales, por sus adaptaciones y las peculiaridades de cada grupo de seres vivos. Más concretamente, *promover una cultura del bosque.* Allá donde la potencialidad de la vegetación sea forestal, que adoptemos todas las medidas a nuestro alcance para que se consiga la expansión del arbolado propio de esa zona y toda la cohorte de especies que le acompaña.

Más concretamente aún, promover una campaña por la *conservación a rajatabla de todos los bosques de cabecera* (zonas de montaña). Se conoce desde hace muchos años la importancia de esto para prevenir las inundaciones, las sequías y la desertificación, pero poderosos intereses particulares actúan en dirección contraria. Y aún más concretamente, apostemos decididamente por *mantener con vida todos los árboles adultos*, especialmente los monumentales, en nuestro país y en el resto del planeta, que han conseguido sobrevivir milagrosamente tras convivir con numerosas generaciones de humanos.

Apoyar el mantenimiento de las variedades agrícolas tradicionales, adaptadas a cada terreno, frente a variedades artificiales de presunto alto rendimiento. Son parte de la biodiversidad y además aseguran la autonomía de los agricultores (pueden usar las semillas excedentes), sobre todo frente a variedades transgénicas que son caras, estériles, muy sensibles a las plagas y hay muchas fundadas reticencias en contra de su uso como alimento.

Revalorizar el empleo de los recursos alimenticios naturales. Informarse sobre los *usos sostenibles de los recursos naturales*, de modo que podamos recolectar frutos silvestres, bellotas, piñas, hojas comestibles, hierbas medicinales, etc., a pequeña escala, para uso casero.

Adquirir productos naturales, sanos y poco elaborados. En lo alimenticio y no alimenticio. En pro de la propia salud y de la del medio ambiente, sería bueno evitar el uso excesivo de alimentos con manipulaciones industriales profundas y apostar por los sanos y poco transformados. Lo que se pueda hacer en casa (sopas, zumos) evitar adquirirlo hecho (evitamos aditivos, envases, etc.); de lo que no se puede hacer fácilmente de modo casero (aceite, vino, etc.) se pueden buscar productos elaborados con el mayor respeto.

Consumir con preferencia productos de temporada y del terreno. No por chauvinismo, sino por evitar largos períodos de almacenamiento y transporte, que los encarecen, los degradan, necesitan aditivos peligrosos y consumen grandes cantidades de energía contaminante.

Simplificar la vida, ahorrar recursos, especialmente los no renovables. Considerar si es necesario o no mantener el mismo consumo de agua, energía, papel, etc. Pensar que el "estado del bienestar" no se alcanza por consumir más sino por sentirse mejor consigo mismo y con el entorno. Lo otro, a lo que llevamos entregados muchos años, podría llamarse mejor "estado del malgastar".

No tirar alimentos a la basura. Es un insulto a la tierra, a los seres vivos que los produjeron y a los muchos humanos que pasan hambre. Todo lo que sobra se puede guardar para comer mañana, con creatividad culinaria y espíritu solidario.

No dejar elementos artificiales en el campo (plásticos, envases, etc.) que lo afean, lo degradan y tardan mucho en ser reciclados. No dejar agujeros en la tierra. Si sustraemos algo del campo –una piedra, una seta, una planta, un puñado de musgo– *cerremos las heridas* y dejémoslo como estaba o como si nadie hubiera pasado por allí.

Reciclar los objetos que ya no sirvan para su fin original, bien encontrándoles un uso alternativo (artístico, combustible, etc.) o bien depositándolos en los contenedores específicos para su género. De todos modos, lo mejor es evitar adquirir productos excesivamente embalados, de donde surgen la mayor parte de nuestros residuos. Apoyar la vuelta a una cultura de compra con carritos o bolsas de uso indefinido y de la entrega de envases de vidrio usados en la compra de los líquidos.

Amnistía para los animales salvajes. Los humanos primitivos tenían grandes dificultades para sobrevivir día a día y en muchos casos se vieron impelidos a cazar animales para subsistir. Hoy día tenemos una extensa ganadería y mercados surtidos de todo tipo de alimentos cárnicos a precios asequibles para todos aquellos que sienten la necesidad de seguir usando productos de origen animal en su alimentación. En todo caso, el que empuña un arma y sale al campo con el objetivo de matar animales por el simple placer de matar se coloca por debajo de los humanos más primitivos, que mataban sólo por necesidad.

Alternativa vegetariana. Si consumes carne o pescado habitualmente, procura disminuir su cantidad e ir introduciendo mayor cantidad de productos vegetales en tu dieta. Es más eficiente (con la misma cantidad de tierra se alimenta a más personas), es más sano (se evitan muchas patologías extendidas) y es más solidario con los animales, evitando su hacinamiento en establos o camiones y las escenas poco edificantes de los mataderos.

Acercarse con frecuencia a la naturaleza y recorrerla algún rato en silencio, escuchando sus sonidos, admirando la belleza de sus colores, de sus olores, la fortaleza de los árboles...

Sentir que somos parte de ella, que todos los átomos de nuestro cuerpo actual estaban allí hace pocos años y allí volverán en breve, que nosotros mismos –en alguna medida– somos órganos del mismo cuerpo del que forman parte esas plantas y animales. Sinceramente, no creo que haya un verdadero cambio en la actitud ecológica de los humanos mientras no se pase de un planteamiento frío y racional a este sentimiento de unidad.

NUESTRA RESPONSABILIDAD ECOLÓGICA INDIVIDUAL

Por Roberto Parra

1. Introducción

Este escrito recoge una serie de reflexiones sobre el desarrollo sostenible y la conservación del Patrimonio Natural.

El ciudadano promedio está acostumbrado a pensar que la degradación del medio ambiente es debida *únicamente* a causas totalmente ajenas al propio ciudadano. Así, es frecuente culpar *totalmente* de este problema a los gobiernos, las multinacionales, el sistema económico, la globalización, los ordenamientos jurídicos permisivos, empresarios sin escrúpulos, traficantes de especies, y un largo etcétera de agentes de todo tipo.

La responsabilidad de todos estos agentes en la degradación del medio natural está fuera de toda duda. Pero sobre ellos ya se ha hablado mucho, y no son por tanto el objeto de este escrito. El objeto de este escrito es el propio ciudadano.

Si preguntamos al ciudadano promedio: *"Y ¿cuál es tu parte de responsabilidad en este problema?"*, responderá que absolutamente ninguna, pues se considera una víctima más de los anteriores agentes, y añadirá que la solución es reformar profundamente (o acabar definitivamente con) estos agentes. Todo ello, suponiendo que tal ciudadano admita que existe el problema, pues mucha gente opina directamente que *"antes que arreglarle la vida a los animales y las plantas, hay que garantizar el bienestar de las personas"*.

Por tanto, el problema particular (la degradación del medio natural) no puede ser abordado aisladamente. Es imprescindible haber solucionado previamente otros dos problemas más generales, que son (1) los escasos conocimientos en Ciencias Naturales de los ciudadanos y (2) el escaso sentido de la responsabilidad individual de un amplio sector de la población.

La organización de este escrito es como sigue: Inicialmente, expongo estos dos problemas más generales que afectan a toda la sociedad (puntos 2 y 3). A continuación, me centro en el caso particular que nos ocupa (la degradación del medio ambiente) entendido como un consumo excesivo de recursos naturales (punto 4). Posteriormente, reflexiono sobre la responsabilidad de la comunidad científica para solucionar el problema (punto 5), con una advertencia sobre el peligro de la difusión científica entusiasta y sus efectos sobre políticos y ciudadanos (puntos 6 y 7). Finalmente, analizo la actitud de los ciudadanos (puntos 8 al 11).

Doy por hecho que este texto será irritante para el ciudadano, pues le voy a decir que es (inconscientemente a veces) un agente causal del problema. Pero le pido al menos que lea el escrito hasta el final. Le pido también que no interprete estas reflexiones en el contexto de una crisis económica, pues todo lo dicho en este texto sería igualmente cierto en un escenario de bienestar económico.

2. Tenemos escasos conocimientos e inquietudes sobre Ciencias Naturales

Lamentablemente, nuestra escasa formación en Ciencias Naturales nos impide entender las discusiones científicas, y solo excita nuestra curiosidad algún resultado expresado en forma de frase fácil (v. gr. *"Plutón ya no es un planeta"*) aunque ignoremos totalmente qué hay detrás de ese enunciado.

En ocasiones, repetimos una frase fácil (v. gr. *"el Sol sale por el Este"*) aunque la más mínima atención nos hace ver que es falsa. Cualquier observador que disponga de referencias en el horizonte puede comprobar que hay una enorme diferencia entre el lugar por donde ve salir el Sol en invierno y en verano.

El verdadero problema aparece cuando los conocimientos de ciencia son imprescindibles para tomar decisiones acertadas. Pongamos un ejemplo: si le decimos a una persona promedio que un alimento tiene muchas calorías, frecuentemente lo rechaza o limita su consumo. Si le decimos que otro alimento aporta mucha energía, el rechazo no es tan grande o incluso se promueve su consumo. Pero ¿en qué unidades se mide la energía? ¿Acaso es la caloría una unidad de tiempo?

En el contexto de este escrito, la ignorancia del ciudadano en cuestiones de ciencia es un lastre que le impide actuar y votar de manera adecuada para la protección del medio ambiente (veremos varios ejemplos en el punto 7).

3. Tenemos un escaso sentido de la responsabilidad individual

Los ciudadanos nos comportamos con frecuencia de forma poco responsable, perjudicando así a otras personas, al bien común e incluso a nosotros mismos. Unas veces, defendemos sin razón a nuestros hijos frente a todo aquel que trata de corregirlos, incluso desautorizamos a la maestra que los educa. Otras veces, aparcamos el coche sobre una rampa que está destinada a facilitar el camino a las sillas de ruedas. Otras veces, nos construimos una casita (luego convertida, por etapas, en un chalé) sabiendo perfectamente que no tenemos permiso. Otras veces, reconocemos ante familia y amistades que aumentamos la precaución al volante en momentos (o en puntos kilométricos) donde aumenta la probabilidad de ser sancionados. Tal vez deberíamos reflexionar más a menudo sobre nuestra propia responsabilidad en la sociedad, en lugar de echar *toda* la culpa de *todos* los problemas "a otros".

Ese sentido de la responsabilidad individual es uno de los pilares fundamentales sobre los que deben apoyarse el desarrollo sostenible y la conservación del Patrimonio Natural. Cuando un ciudadano tiene por costumbre eludir su parte de responsabilidad, ¿querrá cambiar su forma de vida para proteger bosques lejanos y especies que desconoce? ¿Votará a favor de algún programa electoral en función de su grado de respeto por el Patrimonio Natural, máxime si tal respeto implica algún esfuerzo para el votante?

4. Los ciudadanos malgastamos recursos naturales

Cuando las condiciones lo permiten, muchas especies experimentan explosiones demográficas, y con ello pueden modificar profundamente su entorno. A modo de ejemplo, numerosos documentales y noticias de televisión han mostrado el caso de ciertas poblaciones de elefantes recluidas en los límites de algún parque natural. Imposibilitadas para emigrar fuera de los límites de la reserva, estas poblaciones llegan a crecer tanto que consumen las plantas a un ritmo superior a la regeneración de la cubierta vegetal. En ausencia de gestión adecuada, una población de elefantes en expansión puede convertir en unas décadas una sabana arbolada en un herbazal predesértico.

Esta situación, que se da en muchos casos y a distintas escalas (desde una población de elefantes en una reserva, hasta una población de microorganismos en una charca), se está dando ahora para nuestra especie a escala de todo un planeta. Los límites de nuestra "reserva" son ahora la Tierra en su conjunto (no podemos emigrar a otro planeta), luego el desarrollo sostenible se reduce a no consumir más recursos naturales de los que produce nuestra "reserva".

Es pura ignorancia pensar que la población humana que "cabe" en la Tierra es infinita. La productividad de cada ambiente (terrestre o acuático) es la que es; y se puede aumentar artificialmente (abonando, regando, alumbrando, etc.) pero solo hasta cierto límite. Otra vez, es pura ignorancia pensar que "la ciencia" podrá aumentar hasta el infinito las cosechas.

Además, aumentar la productividad nos lleva automáticamente a un compromiso porque implica un nuevo impacto ambiental: el agua usada para regar ya no circula por donde antes circulaba, obtener industrialmente abonos o agua desalada exige aportar energía, y así sucesivamente.

Para muchos ciudadanos de sociedades desarrolladas, el problema (si es que lo admiten) se reduce a una mera cuestión de superpoblación. Al pensar así, el ciudadano occidental elude su responsabilidad, porque piensa que el problema está en otros estados de África, del SE de Asia o donde sea. Ciertamente, en aquellas regiones la población aumenta rápidamente, aunque los recursos consumidos per cápita son pequeños. Nosotros vivimos en sociedades con el escenario opuesto: poblaciones envejecidas llevan a fomentar la natalidad, pero (ihe aquí nuestra suma de responsabilidades individuales, objeto de este texto!) los recursos consumidos per cápita son excesivos, totalmente incompatibles con el desarrollo sostenible. La Tierra no tiene suficientes recursos naturales para que todas las personas del mundo sigan el tren de vida de un ciudadano occidental.

Incluso si la población humana se equilibrara en su valor actual, próximo a 7000 millones, preguntarse si hay recursos para todos exige preguntarse previamente tres cosas: (1) ¿En qué vamos a basar nuestra dieta? (2) ¿Cuánta energía vamos a requerir per cápita? (3) ¿De cuántas comodidades y objetos innecesarios queremos ser dueños cada uno?

Hablemos de la comida como recurso. El impacto ambiental de comer a base de carne no es el mismo que el resultante de comer carbohidratos y proteínas vegetales. Cada km² puede producir alimentos vegetales para cierto número de personas (obviamente, el número exacto depende de las condiciones concretas de suelo, temperatura, luz, riego, etc.). Pero, en muchos casos, el mismo km² produce carne para un número menor de personas.

Es cierto que puede haber estrategias mixtas muy adecuadas. Por ejemplo, alimentar animales con las malas hierbas o con la parte de cada cosecha que no sirve de alimento a las personas; o bien criar ganado mediante estrategias que conserven la riqueza biológica y parte de la cobertura arbórea (v. gr. en dehesas).

Pero, en muchas áreas fértiles, dedicar el campo a producir vegetales, y usar estos vegetales *únicamente* para alimentar animales, para finalmente comernos esos animales, es una estrategia que acaba alimentando a menos personas de las que subsistirían si comieran directamente otros productos vegetales obtenidos en igual campo.

En conjunto, la población actual del planeta podría subsistir con dietas basadas en carbohidratos, grasas y proteínas vegetales (completadas con productos animales según estrategias mixtas adecuadas). Pero la Tierra no tiene suficiente superficie para alimentar a los bastantes animales para que 7000 millones de personas sigan una dieta con un exceso de productos animales, dieta que (para colmo) acaba por causar problemas de salud. Por cierto, vivir en un Estado bañado por el Mediterráneo no implica que, a día de hoy, nuestra dieta sea en conjunto una "dieta mediterránea" tradicional.

Es más, si vamos a completar una dieta con proteínas animales, todavía queda un importante margen de decisión para ser respetuosos con el medio ambiente, pues no todos los animales (ni todas las maneras de criarlos) son igual de eficientes a la hora de convertir la energía y el nitrógeno que comen en energía y nitrógeno aprovechables para alimentación humana. Es una cuestión de ecología aplicada, que se recoge incluso en algunos libros de cocina.

Hasta aquí, hemos asumido que el ciudadano se come toda la comida producida para él. El escenario real es mucho peor, pues el ciudadano occidental (el "mediterráneo" también) tira comida a la basura con mucha alegría, pese a autocalificarse de no-rico. He escuchado a muchas personas vanagloriarse de no haber comido en la vida pan "de ayer", y de no dar nunca a sus hijos sobras de comidas anteriores. No falta quien desecha por costumbre parte de la comida (la corteza del pan de molde, la miga de una barra de pan, los extremos de una empanadilla, etc.). Todo ello bajo el propio techo, pues si salimos a restaurantes pedimos aquello que más nos apetece (aunque sepamos que no nos lo acabaremos), y a veces tenemos por incómodo llevarnos las sobras.

Sabemos que dentro de las bolsas de basura de nuestros hogares hay comida buena. Quizá no tan apetitosa como recién hecha o recién comprada, pero buena. Y está en la basura.

¿Son responsables los gobiernos, los jueces, la globalización, las multinacionales... de que tiremos esa comida a la basura, y enseñemos a nuestros hijos que eso es compatible con ser civilizados? Yo digo que no. Está fallando nuestro sentido de la responsabilidad individual.

Hablemos ahora de la energía como recurso. El panorama empeora, pues al menos la comida se ve, pero la energía, como tal, no se ve, luego es más fácil desperdiciarla. La mentalidad del ciudadano occidental es clara: *"Quiero pasar el invierno calentito, el verano fresquito, ir a todas partes en coche (si puede ser, en mi coche), ir en avión si hay que ir lejos, y ganar altura mediante escaleras mecánicas o ascensores"*.

En los últimos años, además, el escenario se mueve ya hacia la aberración. Vemos comercios con la puerta abierta por la que escapa parte del aire acondicionado (tener que empujar una puerta ha pasado de moda). Vemos estufas en la acera a los cuatro vientos (queremos merendar en plena calle en pleno invierno). No es cierto que las estufas de la calle existan para poder fumar, pues se pusieron de moda *mucho antes* de la prohibición de fumar en local cerrado. Existen porque los ciudadanos occidentales queremos hacer lo que nos apetece, sin plantearnos qué efecto tendrá sobre otras generaciones.

Los debates entre familiares, amigos o compañeros de trabajo, sobre a qué temperatura seleccionar un termostato, siempre se resuelven en el mismo sentido, o sea, la opción que más energía consume: (1) en invierno, calentemos el recinto para que nadie tenga frío, y quien tenga calor ya se quitará la ropa; y (2) en verano, bajemos la temperatura para que nadie tenga calor, y quien tenga frío ya se abrigará. Y digo yo: ¿No parece más lógico (incluso al margen de ahorrar energía) que la gente friolera se abrigue con ropa extra en invierno, y que la gente sofocada se quite ropa en verano? ¡Si al menos nuestro despilfarro de energía redujera las probabilidades de enfermar! Pero la experiencia común nos dice lo contrario, en invierno y en verano.

Efectivamente, la Administración da mal ejemplo, pues abundan los edificios públicos donde la climatización es tan potente que el personal ha de abrir las ventanas para evitar cocerse en invierno y congelarse en verano. Pero el ciudadano promedio no es menos despilfarrador, pues el principal freno al despilfarro doméstico de energía es el recibo que ese ciudadano tendrá que pagar. Eso dice muy poco de la conciencia ecológica del ciudadano. Supongamos un escenario (como mero ejercicio para la imaginación) en el que el recibo de la luz fuera totalmente gratis con independencia del consumo efectuado. ¿Crees, lectora o lector, que el consumo sería el mismo? ¿Crees que el ciudadano llevaría el mismo cuidado en ahorrar energía, por muchas campañas que lo promovieran?

No aprendimos esa forma de vivir en casa de nuestros mayores. Sabemos que, cuando llega el invierno, no es necesario caldear toda la casa, pues basta con caldear el cuarto donde estamos. Incluso a veces basta con ponerle un vestido a la mesa y colocar bajo él una pequeña estufa entre las piernas. Sabemos que la calefacción durante la noche es sustituible por una bolsa de agua caliente. Pero creemos que todo ello son soluciones "de abuelo" (como la ropa interior afelpada), o incluso soluciones tercermundistas impropias de alguien con "calidad de vida".

Hay más recursos que malgastamos: agua, metales, derivados del petróleo, papel, etc. Es desolador escuchar a la gente el repetitivo *"¿Tienes una bolsita?"* en cada lugar en el que compran o recogen algo. Y es aún más desolador que el principal freno a tal costumbre sea que le cobren la bolsa.

Los metales, los plásticos ¿acaso llueven del cielo o cuelgan de los árboles? Hay que extraerlos u obtenerlos mediante procesos que son contaminantes y requieren energía. Pero el ciudadano, que solo piensa en dinero, acepta alegremente cada bolsa que le dan gratis, o cada nuevo teléfono móvil que le regalan (aunque el anterior aún funcione).

El alcalde, el gobierno, las multinacionales, la globalización ¿son responsables de que un ciudadano pida o acepte una bolsa por cada pan que compra en el horno, en lugar de llevar una bolsa desde casa? ¿Son responsables de que el ciudadano no se plantee multiplicar por 7000 millones cada acto propio, para estimar el daño que causaría al medio ambiente toda la Humanidad si siguiera este modo de vida?

5. El papel de la ciencia en el desarrollo sostenible

Sobre la comunidad científica (biólogos, geólogos, químicos, físicos, etc.) recae una gran responsabilidad, pues la ciencia aplicada atiende muchas necesidades del interés común. El problema es que el ciudadano cree que tal interés común consiste únicamente en la suma de todos los intereses *particulares* de quienes votan *hoy*, sin tener en cuenta a las personas que vivirán dentro de cien años.

Así, el científico no solo tiene que estudiar la diversidad biológica y proponer estrategias de conservación, sino que también se ve en la necesidad de convencer a los gobernantes y a la población de que la riqueza biológica es un valor, valor que los ciudadanos no aceptan universalmente. Desde un punto de vista sentimental o estético, a nadie le gusta saber que una especie se ha extinguido. La verdadera cuestión es si el ciudadano está dispuesto a modificar su vida cotidiana para evitar tal extinción, pues desde un punto de vista "práctico", la mayoría de la gente piensa que la extinción de especies afectará poco a la calidad de vida de los ciudadanos. Una mezcla de irresponsabilidad e ignorancia lleva a opinar: *"¿Es preciso quedarse con toda la selva? ¿No hay las mismas especies en 100.000 km² de selva que en 1.000.000 km²? ¿No cumple la misma función un bosque que tenga 50 especies de árbol que otro que tenga solo 40? ¿Es preciso gastar tanto dinero en salvar esta planta?, total, yo la veo muy parecida a otra planta que es muy abundante".*

Del mismo modo, el científico no solo tiene que atender al suministro de energía, sino que también se ve en la necesidad de convencer a gobernantes y ciudadanos de que la concentración de ciertos gases en la atmósfera (aunque sean escasos o incluso trazas) afecta al clima, cosa que otros negarán desde la ignorancia, desde la irresponsabilidad, o desde sus intereses económicos.

Si los combustibles fósiles se consumen al ritmo actual, hay reservas utilizables de petróleo y gas natural solo para varias décadas, pero hay carbón para casi dos siglos. Las inmensas reservas de carbón, si se usan como combustible, serán en el futuro la principal fuente de CO_2 emitido a la atmósfera, pues a partir del carbón se pueden obtener industrialmente combustibles líquidos o gaseosos, que pueden suplir a los actuales combustibles derivados del petróleo.

Obtener energía desde combustibles fósiles supone, de una forma u otra, oxidarlos a CO_2. A escala geológica, la mayor parte de ese CO_2 acabará como carbonatos o bicarbonatos en el océano o en sus sedimentos. Pero ese tránsito es muy lento, luego a escala histórica (la que nos afecta) la mayor parte de ese CO_2 permanecerá en la atmósfera durante milenios. Y la capa de la atmósfera donde vivimos se calienta más a mayor concentración de CO_2. Eso es así, y punto. Es física y geoquímica de libro de texto.

Por supuesto, el conocimiento científico tiene un componente de incertidumbre. Esa incertidumbre, en este caso, afecta a las cifras exactas. Por ejemplo: ¿hay carbón para 200 años, o solo para 150? Una vez que quememos todo el carbón ¿la temperatura en la atmósfera subirá 3 °C, o son 6 °C? ¿Hasta qué punto reforzará este problema el cambio del albedo de la Tierra? ¿Hasta qué punto reforzará este problema la liberación del metano (otro gas invernadero) hoy atrapado en el *permafrost* de Siberia? En resumen, la incertidumbre afecta a la magnitud exacta del problema.

Pero la incertidumbre *no afecta* a la existencia del problema en sí, ni a su gravedad: la temperatura va a subir, y el clima va a cambiar.

¡Por supuesto que hay gente que no se cree nada de esto! Pero hemos de fijarnos en cuál es su formación (y cuáles son sus intereses, claro). Hablar desde un estrado, escribir en un periódico, ser tertuliano en una emisora de radio, o haber obtenido un acta de diputado o senador, no significa que alguien tenga conocimientos sobre el tema. El ciudadano debe fijarse en las personas que niegan que el cambio climático sea un problema. Estos incrédulos ¿saben escribir y ajustar una reacción de combustión de butano a CO_2?

¿Saben cómo absorbe la radiación infrarroja el CO_2 por comparación con otros gases? ¿Saben estimar cuanto carbono acabará en la atmósfera si todos los combustibles fósiles se queman? ¿Son expertos en modelos océanoatmósfera?

Para quien se niegue a creer que quemar carbón es un problema (o no le convenga creerlo), la demostración es imposible si carece de ciertos conocimientos. Es comparable a demostrarle a un ignorante en Astronomía que la Tierra orbita en torno al Sol, y no al revés.

Afortunadamente, la ciencia puede proporcionar múltiples soluciones al problema del cambio climático. Una solución es capturar CO_2 en la propia central térmica y secuestrarlo bajo tierra en depósitos geológicamente estables. Sabemos que son estables, por ejemplo, porque el gas natural lleva atrapado allí millones de años y no escapó. La inyección de CO_2 bajo tierra es una tecnología existente y en uso, que se emplea actualmente para aumentar el rendimiento en la extracción de petróleo y gas natural. Lógicamente, la captura y la inyección de CO_2 son procesos que requieren energía, luego consumirán parte de la energía obtenida en una central térmica. También se puede capturar el CO_2 en cualquier otro punto de la atmósfera (incluso lejos de una central térmica), aunque lejos del punto de emisión el CO_2 está más diluido y su captura es por tanto más costosa.

Una propuesta alternativa pasa por dispersar en la atmósfera aerosoles blancos que reflejen parte de la luz solar. Así, el calentamiento inducido por gases invernadero quedaría compensado por un enfriamiento debido a la reflexión de parte de la radiación solar antes de que ésta alcance la superficie.

Otra alternativa es prescindir de los combustibles fósiles y sustituirlos por combustibles procedentes de vegetales (bioetanol o biodiésel obtenidos desde cultivos de maíz, remolacha, etc.). Lógicamente, la alternativa ideal es prescindir de todo combustible y aprovechar la energía solar, eólica, geotérmica, etc.

La realidad es que todas estas vías son ya factibles, pero todas ellas tienen considerables dificultades a la hora de extenderlas como modelo energético universal.

Tomemos por caso el uso de biocombustibles. En primer lugar, tal solución supone, expuesta duramente, "quemar comida" para mover coches o caldear casas, en vez de comérnosla. Todo el cereal (sea grano o paja) destinado a biocombustible ya no está disponible para alimentar personas o ganado. La superficie cultivable no es infinita, y cada kg de material vegetal se puede destinar o bien a alimento (sea para personas o para ganado) o bien a mover coches. ¡Pero no a ambas cosas! Así pues, la superficie cultivable acaba por ser un factor limitante. El problema no termina ahí, pues los cultivos hay que abonarlos, notablemente con nitrógeno, y los microorganismos nitrificantes y denitrificantes presentes en suelos y aguas producen inevitablemente (aunque no sea el producto principal de su metabolismo) el gas N_2O. Cada molécula de N_2O es mucho más potente como gas invernadero que una molécula de CO_2. Además, el N_2O es estable en la capa baja de la atmósfera, pero es muy reactivo en la estratosfera, donde participa en reacciones que destruyen el ozono. El N_2O está presente de forma natural en la atmósfera, pero aumentar las emisiones de N_2O para evitar emisiones de CO_2 no es un buen cambio.

40

Los aerosoles (polvo, cenizas, sales, agregados de moléculas orgánicas, etc.) también están presentes de forma natural en la atmósfera, pero modificar artificialmente su concentración, su composición o su tamaño tiene sus riesgos. Los aerosoles blancos (al contrario de los oscuros, obviamente) reflejan la luz solar e inducen así enfriamiento, pero ese no es su único efecto. Todos los aerosoles (los blancos también) son núcleos de condensación para el agua en la atmósfera, luego afectan a la nubosidad y a la distribución de las precipitaciones. Contrarrestar el calentamiento global a cambio de sequías o inundaciones (sean a escala global o regional) no es un buen cambio. Este no es un riesgo meramente teórico, pues la actividad volcánica supone la emisión de aerosoles a la atmósfera, de forma que las grandes erupciones nos proporcionan datos al respecto. Efectivamente, las grandes erupciones (como la del Pinatubo en 1991) van seguidas de un enfriamiento a escala global y de un descenso en el nivel del mar; pero también van seguidas de un descenso global en los registros de precipitación sobre los continentes.

Todos estos problemas no existen si recurrimos a la energía solar o eólica, pero entonces se nos presenta el problema de la disponibilidad. Quemar carbón es nefasto desde el punto de vista ambiental, pero al menos se puede quemar cuando hace falta, y no quemar cuando no hace falta (como en una locomotora de carbón: si necesito ir rápido, paleo rápido, y si quiero ir lento, paleo lento). La energía solar o la eólica no tienen esa propiedad. Estas fuentes de energía se presentan a pulsos, pulsos que a veces son previsibles (y no por ello dejan de ser un problema, pues una noche puede ser muy larga en ciertas latitudes) y a veces son totalmente imprevisibles. Imaginemos una ola de frío acompañada de nubosidad intensa y vientos en calma. ¿Estamos dispuestos a que nuestra calefacción no funcione porque ese día no es soleado ni hay viento? A la inversa, habrá momentos (o meses) de mucho sol, mucho viento y poca demanda, pero una cantidad tan enorme de energía no es fácil de almacenar.

No es este el texto (ni yo el experto) para analizar una por una todas las energías alternativas, con sus ventajas y problemas. Pero tales problemas existen. Obviamente, la comunidad científica discute en su seno estos asuntos, y los investigadores tienen muy claro cuáles son los avances y cuáles las lagunas, en cada caso.

Ahora bien, una cosa es la realidad de los avances de la ciencia (realidad que se discute en los congresos y publicaciones científicas) y otra cosa es la percepción de esa realidad que tienen los políticos (punto 6 de este escrito) y los ciudadanos (punto 7).

6. La reacción de los gobiernos ante los resultados de la ciencia

Es cierto que los políticos en general tienen poca preparación (y menor actitud) para afrontar el problema del cambio climático. Pero hay que decir, uno poco en su favor, que las múltiples posibilidades que ofrece la ciencia hacen más difícil decidirse por un modelo energético.

Si solo existiera una solución, la decisión política sería fácil: o adoptar la solución, o no adoptarla. Pero la comunidad científica ofrece muchas soluciones, y algunas de ellas convierten a otras en innecesarias. Sin el propósito de ser exhaustivos, veamos al menos algún ejemplo, a la luz de lo esbozado en el punto 5.

Si capturamos y secuestramos bajo tierra el CO_2 producido en las centrales térmicas, entonces estas centrales no emitirán CO_2 a la atmósfera. Si esa va a ser la estrategia elegida, entonces es urgente construir centrales térmicas compatibles con el método más eficaz para capturar CO_2, y es también urgente construir la infraestructura que transporte el CO_2 hasta sus depósitos geológicos. Pero en ese caso no es urgente abandonar el carbón, dado que su uso no implicará emisiones de CO_2 a la atmósfera.

Ahora bien, es indudable que la estrategia más respetuosa con el medio natural es apostar por la energía solar. Si definitivamente vamos a un modelo basado en energía solar, y vamos a abandonar el carbón, entonces es superfluo investigar en secuestrar CO_2 bajo tierra. Pero ¿es seguro que a medio plazo acabaremos en un modelo basado en energía solar? Pues no, y no solo por cuestiones geopolíticas (a ningún Estado próximo a un Círculo Polar le ilusiona depender de energía obtenida a otras latitudes), sino también por cuestiones de garantía de disponibilidad en el momento de la demanda (ver punto 5). Así pues, y mientras decidimos en qué año comenzaremos a depender de la energía solar, ¿invertimos entre tanto en instalaciones modelo para captura y secuestro de CO_2 bajo tierra, o no lo hacemos?

Sigamos la cadena. Si el secuestro de CO_2 en depósitos geológicos va a ser una actuación necesaria hasta que se imponga la energía solar, ¿vale la pena invertir en investigación sobre aerosoles atmosféricos que reflejen parte de la radiación solar?

Y así sucesivamente. Si los coches funcionarán con hidrógeno, ¿abandonamos, pues, la investigación sobre biocombustibles? Pero ¿quién se atreve a apostar definitivamente por motores de hidrógeno, si tal vez será el biodiésel el combustible que se imponga? No se trata solo de motores. Hay que apostar por una u otra red de distribución.

La pregunta más general es esta: ¿Quién se atreve a afirmar que una solución debe ser abandonada, máxime si los científicos que trabajan en ella afirman que necesitan más datos (o sea, más dinero) para explorar las posibilidades de esa vía?

En resumen, a ningún Estado le ilusiona quedarse atrás en una tecnología que se puede imponer en el futuro. Pero tampoco le ilusiona apostar por (o sea, invertir dinero del contribuyente en) una tecnología que no será la que se imponga en el futuro. El resultado es una clase política que (aparte de tener frecuentemente poca aptitud y menor actitud) está indecisa ante tantas posibilidades. Poner en marcha cada una de ellas exige una inversión inicial enorme, no sólo en investigación en laboratorios, sino también en instalaciones piloto.

En este sentido, para un dirigente político (paradójicamente) una de las dificultades a la hora de abordar el cambio climático es que ve demasiadas alternativas. Tal vez la comunidad científica debería coordinarse para ofrecerle una especie de "hoja de ruta". Tal coordinación parece no existir. Todos los científicos responsables de todas las líneas de investigación (que necesitan financiación) transmiten el mismo mensaje: *"Mi línea de investigación abre grandes expectativas para..."*.

Quiero recordar que este escrito se dirige al ciudadano. Al contrario de lo que les sucede a los políticos, cada ciudadano no necesita esta complicada "hoja de ruta" si está dispuesto a asumir su parte de responsabilidad. La decisión que debe tomar el ciudadano es mucho más fácil: consumir la menor cantidad posible de energía y de otros recursos naturales (agua, comida, minerales, etc.). En ese modo responsable de actuar, no hay incertidumbre alguna para el ciudadano, pues todas las actuaciones son posibles hoy mismo, son compatibles entre sí, y son ahorradoras para su bolsillo.

7. La reacción de los ciudadanos ante los resultados de la ciencia

La reacción del ciudadano ante los avances de la ciencia consta de dos partes. Primera: optimismo ante la diversidad de energías alternativas. Segunda: convicción de que *el único* motivo por el que estas alternativas no se imponen es una conspiración desde los grupos de poder vinculados al modelo energético actual.

Vamos a la primera parte. El ciudadano sabe que existen la energía solar, la eólica, los biocombustibles, etc. Habiendo oído hablar de ello muchas veces, tal ciudadano piensa que son alternativas viables para garantizar el 100% del suministro de energía que requerimos en cualquier lugar y en cualquier momento.

La ignorancia en Ciencias Naturales hace que algunos enunciados, extremadamente simplificados, se interpreten de forma muy entusiasta. Analicemos detenidamente un ejemplo:

Algunas veces se dice alegremente (y muchas personas creen) que *"el hidrógeno es una fuente de energía limpia"*. El ciudadano debería saber que la segunda parte del enunciado (que sea limpia) se refiere únicamente a ausencia de emisiones contaminantes *en el punto de uso*. Ciertamente la oxidación de H_2, si usamos O_2 como oxidante, solo produce agua. Pero la primera parte del enunciado (que el H_2 sea una fuente de energía) tiene "trampa", pues ¿de dónde vamos a sacar el hidrógeno? Se dice alegremente que el H_2 *se puede obtener del agua de mar*". ¡Pero para obtener H_2 del agua hay que aportar energía! Y no cualquier cantidad de energía, sino una cantidad igual o mayor que la que luego podremos aprovechar al oxidar el H_2 hasta agua.

En conjunto, si desde H_2O obtenemos H_2 (en un punto de obtención), y luego desde ese H_2 volvemos a H_2O (en el punto de uso), en la reacción global no ganamos energía (los principios de la termodinámica están ahí). En ese ciclo, el H_2 no es una fuente de energía, sino una forma de almacenar y transportar energía desde un lugar donde se obtiene el H_2 (aportando energía) hasta el lugar de uso del H_2 (una casa, un coche, etc.).

La electrolisis del agua (donde la energía se aporta en forma de electricidad) no es la única forma de obtener H_2. Es cierto que el H_2 se puede obtener también utilizando carbón o gas natural mediante diferentes vías, por ejemplo impulsando reacciones globales del estilo:

$$CH_4 + 2H_2O \rightarrow CO_2 + 4H_2$$

Pero, en las condiciones empleadas en un reactor industrial, la anterior reacción *no produce energía*. Esa reacción *requiere energía* (calor) para ser impulsada, energía que se obtiene de *otras* reacciones del estilo:

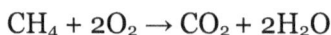

$$CH_4 + 2O_2 \rightarrow CO_2 + 2H_2O$$

Así pues, en esta estrategia la fuente primaria de energía es la oxidación del metano, oxidación que por cierto produce CO_2.

Y así, sucesivamente. La actividad metabólica de ciertos microorganismos permite obtener H_2 a partir de biomasa,

46

pero en ese caso la fuente primaria de energía es la biomasa (que es un recurso limitado).

En resumen, el H_2 puede ser una forma excelente de almacenar o transportar energía (como lo es una pila eléctrica). Pero a escala global el H_2 no es una fuente primaria de energía (como no lo es "la electricidad"). Es más: ¡ni siquiera es siempre limpia! Solo será limpia si la fuente primaria de energía (con la que se obtuvo el H_2) fue limpia.

Pese a todo, querida lectora o lector, verás como siempre habrá quien crea que el hidrógeno es una fuente de energía limpia. Algunos añadirán: *"e inagotable"*. Las frases fáciles son a veces inamovibles y persistentes (*"el Sol sale por el Este"*).

Estos hechos no suponen en modo alguno un descrédito para el H_2 (ni para la electricidad) como formas de *suministro* de energía. Pero el ciudadano debería tener claro que la estrategia compatible con el desarrollo sostenible consiste en obtener H_2 y/o electricidad *única y exclusivamente* a partir de fuentes primarias tales como la energía eólica y la solar, las cuales no requieren que aportemos otra energía para generarlas, y son (ellas sí) limpias e inagotables.

Sin ánimo de ser exhaustivos, pasemos a otra cuestión donde la percepción de la realidad científica está muy alterada. Para el ciudadano, las palabras que incluyan los prefijos bio- o eco-, así como las expresiones que incluyan la palabra "verde", parecen casi milagrosas. Si el ciudadano ha oído hablar de bioetanol, piensa que con bioetanol se podría mover el mundo. El ciudadano no se ha preguntado qué superficie de la Tierra habría que cultivar para tal fin, y por tanto cuánta superficie quedaría disponible para alimentar personas o ganado. Probablemente, el ciudadano tampoco sabe que el abonado de los cultivos destinados a biocombustible (como cualquier abonado con nitrógeno) supone emitir N_2O, otro gas invernadero.

Estos hechos tampoco suponen un descrédito para los biocombustibles en sí mismos. Pero el ciudadano debería tener claro que la estrategia respetuosa con el medio ambiente consiste en obtenerlos *única y exclusivamente* a partir de productos residuales (aceites usados, materia orgánica de aguas fecales, leña procedente de podas, etc.). Al contrario, la obtención de biocombustibles es totalmente contraria al desarrollo sostenible si supone destinar una producción agrícola a bioetanol o biodiesel, *en lugar de* destinarla a producir alimentos. Esta última estrategia acaba forzando la deforestación (al requerir más y más superficie) y/o el encarecimiento de los alimentos.

A día de hoy, la mayor parte del H_2 no se obtiene a partir de energías renovables, y hay crecientes extensiones de cultivos (remolacha, maíz, etc.) destinados a ser convertidos en biocombustibles.

Sigamos con las palabras que comienzan por eco-. El ciudadano piensa que una calefacción "ecológica" (si esa palabra aparece en una pegatina sobre un radiador, o en un folleto de publicidad) implica que, en invierno, se puede ir con poca ropa por casa y ello tendrá escaso impacto ambiental. Conozco usuarios de estos sistemas que juran que su calefacción *"solo emite vapor de agua"*. Cuando se les pregunta por el combustible que consume su sistema, algunos responden que *"consume gas ciudad"*. ¿No ven que eso es imposible? Es imposible obtener energía del gas ciudad (que tiene carbono) y emitir solo vapor de agua. Tal sistema quizá será "ecológico" porque la oxidación del gas ciudad emite menos CO_2 por unidad de energía obtenida que la oxidación del carbón; o tal vez será "ecológico" porque produce pocas partículas de aerosol oscuro como subproducto. No lo niego. Pero ¡ya lo creo que contamina! Menos que otros sistemas, pero contamina. Para reducir el impacto ambiental no basta con instalar ese sistema; hace falta además vestir ropa de abrigo y usar poco la calefacción.

El mismo razonamiento (con otros combustibles) se aplica a un coche "ecológico". Un nuevo coche puede emitir la mitad de contaminantes que el modelo anterior por cada kilómetro recorrido. Pero si doblamos el número de coches, o cada coche recorre anualmente el doble de kilómetros, la emisión global será la misma.

Cambiemos de fuente de energía. El ciudadano mira el recibo de la luz y razona así: *"si con los actuales paneles solares y molinos de viento mi compañía eléctrica obtiene un 5% de la electricidad que yo consumo, pues muy fácil: que pongan 20 veces más molinos y paneles, y problema resuelto, pues 20 x 5 % = 100 %. Si no lo hacen, es porque hay muchos intereses".* El ciudadano no se ha planteado en toda su magnitud el problema de cómo garantizar la disponibilidad inmediata en los picos de demanda.

Enlazamos así con la segunda parte de la reacción del ciudadano. Habiendo una lista tan larga de energías alternativas, y dado que todas ellas ya aportan un % al modelo energético actual, ¿por qué no se potencian todas o varias de ellas a la vez hasta aportar el 100 % de la energía requerida? La respuesta a esa pregunta, obviamente, incluye intereses económicos. Pero también incluye problemas asociados a cada una de esas energías, algunos de ellos mencionados en este escrito. Pero el ciudadano, que se aferra a frases fáciles, invoca únicamente una parte de la respuesta, y piensa que si estas energías no cubren el 100% de la demanda es debido *únicamente* a fuertes y oscuros intereses económicos. Aparece como comodín la frase *"hay muchos intereses"*, frase que a base de explicarlo todo, acaba por no explicar nada, pues ¿acaso no habrá también intereses vinculados a la energía solar o la eólica? O ¿es que estas energías alternativas son distribuidas por las ONG benéficas?

En el apartado de *"hay muchos intereses"*, a veces el ciudadano (o el grupo de poder interesado) incluye los propios resultados científicos. En la ciencia, como en otras cosas, las noticias que tienen un componente sensacionalista o un elemento de posible escándalo se difunden más fácilmente. Así, se difundió extensamente la noticia de que unos correos electrónicos entre científicos incluían la palabra *trick* ("truco") para referirse a un método usado para dar continuidad en el tiempo a unos registros de temperatura. Rápidamente, los "incrédulos" ante el cambio climático interpretaron que *toda* la investigación sobre el tema quedaba desacreditada. Efectivamente, es discutible si se pueden representar en una misma gráfica los valores medidos cada año directamente (con un termómetro) y los valores estimados para años muy anteriores a la existencia de estaciones meteorológicas (mediante isótopos, anillos de árboles, etc.). Pero el ciudadano debe saber que la evidencia más sólida del calentamiento global no son los registros de temperatura medida en la atmósfera, sino el retroceso de los glaciares combinado con el ascenso del nivel del mar, ascenso que no es debido solo al deshielo sino también al incremento del volumen del agua al aumentar su temperatura. Estos datos no están sujetos a ningún "truco", y son incontestables.

El siguiente punto trata sobre la actitud del ciudadano frente al desarrollo sostenible. Tal actitud se puede deducir fácilmente: *"si hay fuentes de energía de sobra y si el único motivo por el que no se están usando es porque hay muchos intereses, entonces no hace falta que yo limite mi consumo de energía; solo hace falta acabar con los grupos de poder que manejan estos intereses".* El razonamiento será similar para cualquier otro recurso natural: agua, comida, minerales, etc.

8. La actitud de los ciudadanos ante el desarrollo sostenible

Una vez interpretados de forma entusiasta los resultados de la ciencia, el ciudadano occidental acepta cualquier política orientada al desarrollo sostenible, siempre y cuando requiera poco (o ningún) sacrificio para él.

He escuchado todo tipo de excusas para negarse a reciclar papel y envases. Unos no tienen sitio en casa para varios cubos distintos. Otros prefieren mezclar todos los residuos para mantener un puesto de trabajo de alguien que los separe. Otros tienen el contenedor muy lejos (en la otra manzana). Otros se niegan a que una empresa de reciclaje haga negocio con sus residuos (curiosamente, no se oponen tan tenazmente a que otras empresas les vendan cosas innecesarias y hagan negocio con ello). No faltan quienes sí reciclan en su casa, pero en la calle o en un recinto público colocan cuidadosamente el envase en posición vertical junto a las patas de un asiento, junto al bordillo, o junto a la pared.

No voy a repetirme enumerando una lista de actos, cotidianos para un ciudadano occidental, que son claramente opuestos al desarrollo sostenible. Son cosas tan lógicas que deberían darnos vergüenza. Pero no nos dan vergüenza porque consideramos que forman parte de nuestra "calidad de vida": comer aquello que más nos apetece, plantar en nuestros jardines las plantas que más nos gustan (aunque requieran más agua que otras), ir en coche propio a todas partes, vestir en cualquier estación del año con ropa que nos favorezca sin pasar frío ni calor, etc.

El ciudadano de un país desarrollado, insisto, aplaude la expresión "desarrollo sostenible", pero se niega a aceptar que ello implique consumir menos recursos. El resultado es un ciudadano (y un votante) que no solo requiere recursos naturales, sino que los exige. Este modo de pensar se fundamenta en tres ideas inamovibles: *"(1) El medio ambiente debe ser protegido al máximo, siempre y cuando sea al mismo tiempo fuente de recursos para que yo mantenga mi tren de vida. (2) Los científicos y gobernantes ya se encargarán de que la Tierra produzca recursos para que yo mantenga mi tren de vida. (3) Es posible que mi tren de vida se extienda a todos los habitantes de la Tierra".*

Llegados a este punto, debo insistir en que el propósito de este escrito no es exculpar a los gobernantes y otros grupos de poder de su (gran) parte de responsabilidad en la degradación del medio ambiente. Por supuesto, a ellos les corresponde tomar decisiones que no se pueden sustituir por la suma de actos de cada ciudadano: modificar para el caso el ordenamiento jurídico, adoptar otros modelos energéticos, financiar la investigación, promover la agricultura y la ganadería respetuosas con la conservación del suelo y la riqueza biológica, ayudar a otros Estados a hacerlo, sancionar los atentados contra el Patrimonio Natural, favorecer el transporte público, etc.

Pero, del mismo modo, debo insistir en que este escrito pretende responsabilizar directamente a los ciudadanos de sus costumbres particulares poco respetuosas con el medio ambiente. Las emisiones de CO_2, CH_4 y N_2O atribuibles "a la

Unión Europea" son en gran parte atribuibles a mí, a servicios prestados para mí, a cosas producidas para mí, y a millones de consumidores como yo.

9. Tenemos la suficiente libertad individual para comenzar a actuar

Algunas corrientes de opinión presentan a los ciudadanos occidentales como seres maniatados, en manos de unos cuantos grupos de poder; pero quiero expresar con toda claridad que en nuestras sociedades occidentales sí que tenemos el suficiente nivel de libertad individual para hacer valer nuestra responsabilidad individual en este asunto.

Es cierto que no tenemos el control sobre si la energía eléctrica de nuestra casa se obtuvo quemando carbón, quemando metano (lo cual emite menos CO_2 por unidad de energía obtenida), o con energía solar. Pero sí que tenemos libertad para ponernos una camiseta interior afelpada de manga larga y un par de calcetines, con lo cual consumiremos menos energía venga de donde venga.

Es cierto que no tenemos el control sobre si las bolsas de plástico son o dejan de ser biodegradables. Tampoco decidimos si las van a obtener del petróleo o de otra fuente. Pero sí que tenemos libertad para salir de casa con un par de ellas plegadas en el bolsillo, y negarnos a aceptar la que nos ofrezcan gratis.

Es cierto que no tenemos el control sobre si ya se fabrican coches que usen hidrógeno como combustible, ni mucho menos decidimos si ese hidrógeno se produce a partir de energía solar (lo cual es excelente) o a partir de combustibles fósiles (lo cual puede ser peor aún que quemar directamente el combustible fósil). Pero sí que tenemos libertad para reducir la velocidad del coche, lo cual ahorra combustible (sea el que sea). A veces, incluso tenemos libertad para no ir en coche.

Tampoco tenemos el control sobre si tal multinacional obtiene tal mineral contaminando tal río. Pero sí que tenemos libertad para comprar o dejar de comprar la última "pijada" que realmente no necesitamos, y que requiere para funcionar elementos escasos y/o difíciles de obtener.

Tampoco tenemos el control sobre las actividades y negocios de empresarios y comerciantes. Pero sí que tenemos libertad para preguntar por el encargado, y decirle que habíamos pensado consumir o comprar en ese local, pero en vista de que el local es una nevera en verano (o un horno en invierno) nos marchamos a buscar otro. Cierto que si solo una persona hace esto, se burlarán de ella. Pero ¿y si son varias personas las que hacen lo mismo todos los días? En nuestras manos está que los empresarios tengan el ahorro de recursos naturales como propaganda de su negocio, negocio en el que muchas veces somos libres de consumir o no.

No decidimos directamente el modelo educativo, ni el contenido de las asignaturas que se imparten en el colegio. Pero ¿quién nos quita la libertad para enseñar a nuestros hijos, en nuestra casa y en la calle, un modo de vida respetuoso con los recursos de la Tierra? ¿O es que nos inhibimos de nuestra responsabilidad y solo la escuela transmite valores a nuestros hijos?

Finalmente (y notablemente), no tenemos el control sobre el sistema electoral. Pero sí que tenemos libertad para presentarnos en la sede de nuestro partido y decir que, o ponen por escrito un aluvión de compromisos prioritarios relativos al desarrollo sostenible, o nos damos de baja como militantes. Cierto que si solo una persona hace esto, se burlarán de ella y pensarán: *"este no nos iba a votar de todas formas. Además, por un voto...".* Pero ¿y si son muchos quienes lo hacen todos los días? ¿Y si las encuestas a pie de urna en la noche electoral reflejan que el principal motivo del cambio de voto fue que el Estado emitió más CO_2 que hace 4 años? ¿Y si hay 1.250.000 votos nulos porque sobre las papeletas hay un garabato que dice *"emitamos menos CO_2"?*

Las democracias parlamentarias no deberían ser, en sí mismas, un problema para el medio ambiente. En la democracia parlamentaria, cada cual vota lo que quiere. ¿No será parte del problema que muchos ciudadanos, con escaso sentido de la responsabilidad individual, no votan en favor del desarrollo sostenible, sino pensando en sus respectivos intereses personales? En una jornada electoral, los votantes deberían tener en cuenta (al menos en parte) el bien común, pero me temo que ese día la frase fácil *"hay muchos intereses"* se aplica también a los propios votantes.

10. Pero insistimos en echar toda la culpa solo a otros

Este no es un escrito sobre otros problemas del mundo y su solución. Este es un escrito centrado en la actitud del ciudadano occidental frente al Patrimonio Natural. A lo largo del texto, propongo (implícitamente a veces) una serie de cosas que hemos de comenzar a hacer inmediatamente cada uno de nosotros. Somos libres de hacerlas o no, pero la responsabilidad solo es nuestra.

Habiéndome presentado a muchas oposiciones de todo tipo, he tenido que estudiar tratados, leyes, reglamentos, convenios, etc. Es cierto que vivimos con un ordenamiento jurídico donde la protección del Patrimonio Natural no es la prioridad. Pero nunca leí una ley ni un reglamento que obligara a tirar comida buena, comer a base de proteínas animales, o mantener mi casa a 23 °C en verano.

Habiendo ido a misa cada domingo, he escuchado cientos (quizá miles) de sermones. Es cierto que nunca escuché un sermón centrado en la protección del medio ambiente, ni un sermón que admitiera que la superpoblación es un problema, y ¡ya lo creo que lo es! Pero jamás escuché un sermón que arengara a los feligreses para tirar comida, comer a base de proteínas animales, o ir por casa en manga corta en invierno.

Siendo lector aficionado de revistas como *Nature* o *Science*, he leído muchos artículos sobre cambio climático. Es cierto que muchos de ellos se oponen a resultados o modelos de otro artículo, y que no hay consenso en cuáles de las medidas posibles son las más adecuadas para afrontar el problema. Pero nunca leí un artículo reciente que negara el problema del calentamiento global, ni un artículo que dijera que podemos permitirnos esperar para empezar a actuar.

Por tanto, cada vez que yo tiro comida a la basura, como exceso de proteínas animales, no visto de forma adecuada a la estación del año, abuso del coche (o de su velocidad), etc., la culpa no es del gobierno de turno, ni de los curas, ni de que los científicos no se aclaren. ¡El responsable soy yo! ¿A quién más señalaré, para tranquilizar mi conciencia? ¿A la ONU, a los jueces, a los masones, a una conspiración de multinacionales, al G-7, al G-8, al G-12, al G-20? Puedo alargar la lista hasta el infinito, y ciertamente todos ellos hacen mal muchas cosas, pero el responsable de mis actos contrarios al desarrollo sostenible soy yo. Y el responsable de los tuyos, querido lector, eres tú.

11. Resulta muy difícil extender el consumo responsable en cualquier entorno social

En cualquier reunión de amigos que se alargue, una conversación casi obligada trata sobre los bienes de consumo adquiridos por alguien del grupo. Uno exhibe un aparato tecnológico de última generación; otro quiere enseñarnos (o hablarnos de) su coche nuevo; otro nos cuenta cómo cambió el modelo de aire acondicionado y se ríe del verano. Algunas veces, alguien pretende convencer al grupo de que vale la pena desplazarse decenas de kilómetros (en coche, claro) hasta un lugar donde "se come muy bien". Otras veces, alguien relata su última escapada a un lugar soñado, pues encontró un billete de avión casi regalado (nadie le interrumpe para decirle que el CO_2 emitido por un avión no depende de si te regalan el billete o no). Para poder participar en la conversación, al menos hay que conocer la existencia de todos estos productos, actividades, etc. Y todo ello se asocia a "calidad de vida".

Por el contrario, ¿qué verá la gente en alguien que procura despilfarrar el mínimo de recursos? Verán alguien que almuerza un bocadillo con sobras de la cena por no tirarlas a la basura, alguien que guarda para días sucesivos el papel con que envuelve tal bocadillo, alguien que tira a la basura solo la parte podrida de una pera y apura al máximo para comerse el resto, alguien que se prepara la comida con lo que estaba próximo a estropearse aunque no sea lo que más le apetece, alguien que carece de muchos elementos tecnológicos y tal vez incluso de coche, alguien que se niega a subir en ascensor con el resto de amigos, etc. Todo ello son conductas que se asocian a la tacañería y a una escasa disposición social, propias de un amargado que no sabe vivir los pequeños placeres de la vida y despierta compasión. Su círculo de amistades incluso intentará "rescatar" a esa persona de su "triste" modo de vida: se ofrecerán a llevarle en coche y le regalarán en su cumpleaños ese elemento tecnológico del que carece para tener "calidad de vida".

Frente a estos escenarios, es necesario extender un verdadero consumo responsable. Este no consiste solo en la compra periódica de un paquete de café, una pieza de ropa o un adorno en una tienda alternativa (cosas que están muy bien). Consiste, además, en llevar una contabilidad detallada del consumo personal y familiar de energía, comida, agua, y procurar que no aumente de año en año.

Hay que ir ahora mismo al contador eléctrico y anotar la lectura. Dentro de un año, hay que calcular por diferencia cuántos kW·h hemos consumido. Hay que repetir la operación año a año, y la tendencia ha de ser a la baja. Ya sé que, obviamente, hay familias donde el número de personas oscila, y eso puede afectar al consumo total. Pero en ese caso el consumo no debe subir cuando baja el número de personas. También sé que no todos los inviernos son igual de fríos, y por eso hay que llevar la contabilidad durante toda la vida.

La misma operación debe repetirse para el número de bombonas de butano o m³ de gas ciudad, m³ de agua, litros de gasolina, bolsas aceptadas en tiendas, piezas de hortaliza o fruta echadas a la basura, número de latas o botellas no recicladas (por haber acabado en papeleras o abandonadas en cualquier lugar), etc.

Lógicamente, tal contabilidad es un tormento (uno acaba por descontarse) para quien todos los días tira comida, abandona envases por ahí y acepta bolsas de plástico. Sin embargo, para otras cosas sí que nos gusta llevar cuentas detalladas. Como está de moda el culto al cuerpo, sabemos de memoria el peso que levantamos en cada ejercicio del gimnasio, los kilómetros que corrimos en tal carrera popular, y la marca que allí hicimos. No es lo mismo correr a 4:02 que hacerlo a 3:58 minutos por km. Son barreras psicológicas importantes, que nos gusta romper como logro para estar satisfechos con nosotros mismos (y presumir ante los demás si llega el caso). Pues ¿cuándo llegará el día en que estemos orgullosos por haber rebajado los m³ de agua y los kW·h de energía consumidos?

Lamentablemente, a pocas personas les interesa saber cuánta agua y energía consumen. Solo les interesa saber cuánto dinero les va a costar ese consumo. De hecho, muchos piensan que, en lugar de consumir kW·h, están consumiendo kW/h (sic). Pero eso les importa poco, pues para ellos lo importante es *"que los científicos inventen cosas nuevas, y la Administración dé subvenciones nuevas, para que mi recibo no suba".*

Comenzábamos este apartado describiendo una conversación en una reunión social. Al hacerlo, olvidé decir que, si alguien terminó un maratón, ese dato probablemente surgirá en la conversación, con detalle del tiempo invertido. Igualmente, tampoco faltarán datos numéricos cuando una persona, orgullosa tras su sacrificado régimen, diga que ha conseguido pesar menos de tantos kg. Quizá hasta sepa de memoria cuántos kg perdió cada mes y lo relate al resto del grupo, dando por hecho que esos datos interesan a los demás. Pero, ¿cuándo llegará el día en que intercambiemos datos sobre el resultado de nuestras iniciativas para cuidar el medio ambiente?

Actualmente, por desgracia, intentar influir sobre alguien para corregir sus hábitos es garantía de ser tomado por un impertinente. Salir a merendar con un grupo de amigos, y negarse a sentarse bajo una estufa de calle, equivale a iniciar un debate incómodo, pues nuestras amistades consideran que emitir CO_2 *"porque nos apetece merendar al aire libre"* es compatible con una sociedad civilizada.

Haz un experimento, querida lectora o lector. Acude mañana al horno a comprar el pan con una bolsa llevada desde casa.

Si cuando te llegue el turno hay cola detrás de ti, haz algún comentario en voz alta sobre que, si 7000 millones de personas consumen una bolsa por cada pan que comen, mal acabará el mundo. Luego, intenta descifrar las miradas de la gente: *"¿Quién es este imbécil? ¡Que se meta en sus asuntos! Si se quiere amargar la vida con esas bobadas, es porque no tiene verdaderos problemas. Total, por una bolsita..."*.

FUNDAMENTOS DE UNA FILOSOFÍA Y UNA ÉTICA NUEVAS

Por Pablo Mendoza

Cambiar el mundo: ¿una utopía?

Muchas personas desean arreglar el mundo. Es un tema habitual de conversación. Pero ¿es hablar por hablar, o es posible cambiar las cosas?

No solo es posible que cambiemos el mundo, sino que además es inevitable. La historia demuestra que lo hemos cambiado muchas veces. La invención del fuego cambió la vida de la especie humana. También la invención de la escritura, el dinero, la imprenta, la máquina de vapor, la electricidad, internet y muchos otros avances tecnológicos.

Lo mismo se puede decir de los avances sociales. La democracia no les cayó del cielo a los antiguos griegos: los soldados se rebelaron contra los oligarcas y exigieron a sus generales el derecho a participar en el gobierno a cambio de arriesgar sus vidas en combate. El pueblo de Sudáfrica escuchó a Nelson Mandela, se liberó pacíficamente del yugo del *apartheid* y se reconcilió con la minoría blanca que tanto daño les había hecho. Por otra parte, lo mismo se puede decir también de los retrocesos sociales: cuando Hitler ganó las elecciones generales en Alemania, se inició un nuevo capítulo negro en la historia de la Humanidad.

Un pueblo no puede ser sometido si de verdad no está dispuesto a consentirlo. El poderosísimo imperio romano jamás consiguió domeñar a los vascos; no pudo Carlos I de Habsburgo contra los suizos; ni tampoco pudieron los Estados Unidos de América contra los vietnamitas. Pero la violencia no es el único método de resistencia: la India de Gandhi se liberó del imperio británico de forma pacífica, mediante la resistencia pasiva; pacíficas fueron las heroínas del feminismo y también la población negra estadounidense que escuchó a Martin Luther King.

Tanto si queremos como si no, tanto si somos conscientes como si no, estamos actuando en política, bien por acción o bien por omisión. La masacre de la plaza de Tian'anmen fue posible no porque la población china estuviera de acuerdo con el terrorismo estatal, sino porque la mayoría no quiso saber nada y miró hacia otro lado. Cuando los alemanes del Este salieron a la calle diciendo "nosotros somos el pueblo", cayó el gobierno comunista de Honecker y a continuación, como fichas de dominó, los de todos los demás países soviéticos [1].

¿Es posible cambiar el mundo en el que vivimos? ¡Desde luego que sí! Lo estamos cambiando. Estamos consintiendo que el cambio climático se convierta en una realidad irreversible. Es sabido que a escala mundial hace décadas que los ricos tienen cada vez más dinero y los pobres cada vez menos, al tiempo que cada vez hay más personas pobres y menos ricas. Se sabe que en la guerra de Irán contra Irak, Estados Unidos vendió armas a ambos bandos. Todos hemos oído en las noticias que los mercados especulan con el precio de los alimentos y a consecuencia de ello mueren millones de personas que ya no pueden comprarlos. Todos sabemos que la crisis económica actual es una inmensa estafa urdida por los banqueros y especuladores; en lugar de encarcelarlos por ello, los gobiernos occidentales están dando el dinero de los ciudadanos a esos mismos banqueros criminales, de forma que ahora no solo los ciudadanos están arruinados, sino también los Estados, mientras que los culpables de la crisis se llenan los bolsillos con cantidades de dinero inimaginables. Todos somos conscientes de que son malos para nuestra salud los productos químicos con los que se tratan los animales y vegetales que nos comemos, así como los ingredientes químicos que se añaden directamente a nuestros alimentos. Todos estamos enterados de que la contaminación atmosférica perjudica nuestra salud y es el principal causante de innumerables alergias y afecciones pulmonares. Nadie ignora que nuestros ríos están tan contaminados que casi no quedan peces, y que nuestras montañas están tan quemadas que casi no quedan bosques. Estamos destruyendo el planeta tan rápido que es razonable prever que nuestros hijos no podrán llegar a viejos.

¿No podemos hacer nada contra todo esto? Además de cambiar el mundo a peor ¿no es también posible cambiarlo a mejor? ¡Por supuesto que sí! Está en nuestras manos. Dejemos de votar a los partidos políticos de siempre. Busquemos alternativas.

Desde que cayó el muro de Berlín, todos sabemos que el sistema comunista ha fracasado. Pero no fracasó económicamente: en Rusia y en los demás países de Europa del Este, la mayor parte de la población vive ahora en unas condiciones mucho peores que durante la época comunista. Lo que fracasó del comunismo no fue la economía, sino la política. Todos los estados comunistas se quedaron atascados en la fase de la dictadura del proletariado. Y las tiranías nunca gustan al pueblo, así que tarde o temprano acaban cayendo.

Pero también el capitalismo ha fracasado. La democracia ha degenerado hasta convertirse en una farsa, nos han rebajado de ciudadanos a consumidores, nos han degradado de actores políticos a telespectadores manipulados. La mayor parte de la gente es cada vez más pobre, cada vez menos feliz, y tiene una salud cada vez peor. El desastre económico y el cataclismo medioambiental están adquiriendo dimensiones apocalípticas. Las ideologías han muerto, y en su lugar solo queda individualismo, insolidaridad, materialismo, consumismo, vaciedad, hastío, insatisfacción, frustración, desilusión, desorientación, desesperación, resignación, apatía.

La alternativa que necesitamos tiene que invertir todas estas tendencias nefastas. En primer lugar tiene que aportar una ideología nueva capaz de reanimar nuestros espíritus y reavivar nuestras ilusiones. Y luego tiene que proponer acciones concretas viables para cambiar en la práctica el sistema entero a todos sus niveles: ecológico, económico, social y político.

Hasta aquí hemos desarrollado dos ideas: la primera es que **es posible** cambiar el sistema, como demuestran, entre otros muchos, los ejemplos históricos que acabamos de nombrar. La segunda es que **es necesario** cambiar el sistema; quien no lo tenga claro, puede consultar lo que dice la Agencia Internacional de la Energía sobre el deterioro medioambiental, lo que dice Vicenç Navarro [2] sobre el deterioro económico, lo que dice Eduardo Galeano [3] sobre el deterioro social y lo que dicen Ignacio Ramonet y Noam Chomsky [4] sobre el deterioro político.

En palabras de Vicenç Navarro [5]: *"Cambiar es difícil, pero continuar por el mismo camino es sencillamente suicida".*

En palabras de Erich Fromm [6]: *"Por primera vez en la historia, la supervivencia física de la especie humana de-*

64

pende de un cambio radical del corazón humano. Sin embargo, esto solo será posible hasta el grado en que ocurran grandes cambios sociales y económicos que le den al corazón humano la oportunidad de cambiar y el valor y la visión para lograrlo".

Para cambiar el mundo hay que cambiar las leyes que lo gobiernan. Para cambiar esas leyes hay que sustituir a los políticos que las promulgan. Para votar a otro tipo de políticos tiene que cambiar la mentalidad de los votantes. Y para cambiar la mentalidad de la sociedad tienes que empezar por cambiar la tuya propia. Es decir, si quieres cambiar el mundo, cámbiate a ti mismo. Vamos allá.

En un futuro escrito propondremos acciones concretas para generar cambios prácticos en el sistema. En el presente escrito vamos a describir esa ideología nueva que tanta falta nos hace para empezar a cambiar. El primer capítulo está dedicado a la filosofía: define qué es la realidad y qué es el ser humano. El segundo capítulo se ocupa de la ética: define el bien y el mal desde un punto de vista práctico.

1. Una filosofía nueva

1.1. El fin del materialismo y el despertar de la espiritualidad

1.1.1. Prejuicios, axiomas, dogmas

Un prejuicio es una opinión previa y tenaz, por lo general desfavorable, acerca de algo que se conoce mal. Un axioma es un prejuicio que parece tan claro y evidente que se acepta sin demostración; es un principio fundamental e indemostrable sobre el que se construye una teoría. Un dogma es un axioma especialmente básico y esencial para

65

sostener un sistema ideológico. Así pues, un dogma es una creencia posiblemente falsa que las personas aceptan ciegamente sin cuestionársela porque la usan como punto de partida para construir todos sus esquemas mentales. Muchas personas están dispuestas incluso a morir o a matar antes que tolerar que alguien ponga en tela de juicio la validez de sus dogmas. Así, por ejemplo, en la Edad Media en Europa todo el mundo creía que el Sol giraba alrededor de la Tierra. Cuando los pioneros de la ciencia moderna afirmaron que es la Tierra la que gira alrededor del Sol, se armó un grandísimo escándalo. Copérnico y Kepler fueron perseguidos; Giordano Bruno fue quemado en la hoguera por hereje; Galileo tuvo que retractarse públicamente de sus afirmaciones para escapar de una muerte similar. Sin embargo, hoy todos sabemos que quienes tenían razón eran estos científicos.

Una idea no es verdadera por el mero hecho de que en un momento dado todo el mundo sin excepción esté absolutamente convencido de ella. En esto precisamente consiste la grandeza del método científico como instrumento para conocer la verdad: a lo largo de la historia, la ciencia en su conjunto ha demostrado que es la única institución que al cabo de los siglos acaba rindiéndose ante las evidencias y cambia sus dogmas para ajustarlos a la realidad de una forma más adecuada [7]. Por el contrario, todas las demás ideologías, religiones y creencias se aferran a sus dogmas y están dispuestas a tergiversar la realidad cuanto sea necesario para que termine acoplándose a sus esquemas preestablecidos. La persona científica afirma lo que puede demostrar y quiere llegar a la verdad; la persona dogmática afirma que ya conoce la verdad y quiere demostrar que tiene razón.

El dogma más fuertemente enraizado en la sociedad occidental moderna es el materialismo. Esto es fácil de demostrar: tú, lector o lectora, no tienes más que observar tu propia reacción cuando leas la siguiente afirmación: "la ciencia moderna ha demostrado más allá de toda duda razonable que el universo de la materia-energía, es decir, el mundo sensible, no es real".

1.1.2. ¿Qué es la realidad?

Se puede decir que lo real es aquello que existe objetivamente por sí mismo, independientemente del sujeto que lo percibe. Así, por ejemplo, si estoy soñando que vuelo a lomos de un dragón de la suerte, experimento la situación como plenamente real, pero cuando luego me despierto en mi cama, me doy cuenta de que el sueño no ha sido real porque era una creación de mi mente y sólo existió dentro de ella.

A primera vista parece que las cosas son buenas o malas, pequeñas o grandes, frías o calientes, visibles o invisibles. Pero si prestamos más atención, descubriremos que existen las calidades regulares, los tamaños medianos, las temperaturas templadas y los objetos transparentes, así como una gran variedad de estadios intermedios entre unos y otros extremos. Lo mismo ocurre con la dicotomía real-irreal.

Lo más irreal es lo que no tiene nombre y nunca ha sido pensado por nadie. Un poquito menos irreales son las cosas que tienen nombre, aunque todos tenemos claro que son irreales, como por ejemplo los unicornios. A continuación vienen las cosas que subjetivamente vivimos como reales, como por ejemplo un sueño. Después vienen las cosas que intersubjetivamente experimentamos como reales, como por ejemplo un espejismo. Y finalmente vienen las cosas que son efectivamente reales, como por ejemplo esta mesa o mi cuerpo. ¿Finalmente? Pues resulta que no.

1.1.3. La materia-energía no es real

La ciencia moderna ha demostrado más allá de toda duda razonable que el universo de la materia-energía, es decir, el mundo sensible, no es real sino ilusorio. Es una realidad virtual: la percibimos, interactuamos con ella, pero no es lo que parece; esta mesa y mi cuerpo no existen.

Desde luego que esto resulta increíble, pero no menos increíble les resultó a nuestros antepasados la afirmación de que es la Tierra la que gira alrededor del Sol: "¡Pero si es evidente que eso es falso! Todos podemos ver que el Sol sale por el Este, realiza un movimiento semicircular por el cielo y se esconde por el Oeste. ¿Cómo pueden los científicos atreverse a afirmar que el Sol no gira alrededor de la Tierra? ¡Si todos podemos verlo con nuestros propios ojos!".

Hoy en día todos aceptamos sin problemas que mi cuerpo es un conjunto de muchos millones de células actuando al unísono (es decir, que yo no soy un solo ser vivo) [8]. Aceptamos sin pestañear que esta mesa está compuesta de moléculas, las cuales están compuestas de átomos, los cuales están compuestos de una capa de electrones, de un núcleo atómico y de un inmenso espacio vacío que los separa (es decir, que esta mesa no es sólida sino que está básicamente hecha de vacío) [9]. Todo esto resulta completamente inaceptable para el sentido común, porque contradice nuestra experiencia cotidiana. Y sin embargo, creemos que es verdad porque nuestros científicos nos dicen que lo han comprobado.

Veamos ahora lo que dicen nuestros científicos acerca de la realidad. Empecemos por Nick Huggett, profesor en la universidad de Illinois en Chicago: *"Podemos considerar fiable la evidencia inmediata de nuestros sentidos solo si no tenemos razones más poderosas procedentes de la experiencia indirecta que nos lleven a dudar de ellos: por ejemplo, las mesas parecen ser sólidas, pero hay gran cantidad de evidencias que nos llevan a pensar que en realidad están compuestas de átomos en un espacio vacío"* [10].

"Según la relatividad, la estructura causal no distingue pasado y futuro en la manera en que lo hace nuestra intuición. En ausencia de cualquier otra estructura, la relatividad general simplemente no hace ese tipo de distinciones intuitivas [...]. Es nuestra mejor teoría del espacio y del tiempo, así que hemos descubierto que, según nuestros conocimientos actuales, las distinciones de la intuición no tienen base física" [11].

"Hemos visto que la física, que se basa en una fundamentación experimental sólida como una roca, nos muestra que esa imagen es sencillamente equivocada porque el presente es relativo (y en última instancia no tiene base). Y por tanto hay muchas otras cosas que se marchan con él" [12].

Stephen W. Hawking, reconocido universalmente como uno de los físicos más grandes de la actualidad, escribe lo siguiente: *"¿Por qué hay tanta materia en el universo? [...] En la teoría cuántica, las partículas pueden ser creadas a partir de la energía en la forma de pares partícula/antipartícula. Pero esto simplemente plantea la cuestión: ¿de dónde salió la energía? La respuesta es que la energía total del universo es exactamente cero. [...] La materia del universo está hecha de energía positiva. [...] El campo gravitatorio tiene energía negativa. [...] Puede demostrarse que esta energía gravitatoria negativa cancela exactamente la energía positiva correspondiente a la materia. De este modo, la energía total del universo es cero.*

Ahora bien, dos por cero también es cero. Por consiguiente, el universo puede duplicar la cantidad de energía positiva de materia y también duplicar la energía gravitatoria negativa, sin violar la conservación de la energía [...], de modo que la energía total sigue siendo cero" [13].

Veamos a continuación lo que dice Ramón Lapiedra, catedrático de física de la Universidad de Valencia: *"En definitiva es el realismo sin más la hipótesis que debe ser descartada si queremos estar de acuerdo con las predicciones de la mecánica cuántica y, lo que es más, con los resultados de la propia experiencia.*

Me gustaría señalar todavía que los propios autores de los dos artículos que motivan este post scriptum utilizan en los mismos una terminología tan prudente que oscurece el interés excepcional de sus resultados. [...] Espero, sin embargo, que la presentación que acabo de hacer de los resultados de ambos artículos haya dejado claro que, habida cuenta de la mecánica cuántica, el realismo efectivamente descartado va más allá de esa clase y es al final cualquier tipo de realismo sin más. Cierto es que para poder expresarse con esta contundencia hemos de aceptar de entrada los fundamentos de la mecánica cuántica (¡los propios fundamentos de la disciplina, no una interpretación más o menos fiable de la misma!). Pero no hace falta insistir a estas alturas del libro en lo bien fundado de dicha teoría, confirmada sin descanso y sin atisbo de fracaso hasta el día de hoy.

Sin embargo, para los que prefieran expresarse sobre la cuestión con una mesura semejante a la de nuestros autores, puedo reformular en otros términos el resultado excepcional obtenido por los mismos, a saber: contra el sueño de Einstein y de otros físicos bien notables, a partir de ahora debería quedar claro que la mecánica cuántica no puede ser completada con ningún tipo de realismo, ni local ni no local; con ningún tipo de realismo a secas" [14].

REDES es un programa de divulgación científica emitido por RTVE cuyo director y presentador es Eduard Punset, profesor de Ciencia, Tecnología y Sociedad en la Universidad Ramón Llull. El día 8 de mayo de 2011 este programa emitió un reportaje en el que Punset entrevistaba a Vlatko Vedral, profesor de teoría de la información cuántica en la Universidad de Oxford, quien decía lo siguiente: *"La escala más pequeña del universo –la que se rige por las leyes de la física cuántica– parece un desafío al sentido común. Los objetos subatómicos pueden estar en más de un sitio a la vez, dos partículas en extremos opuestos de una galaxia pueden compartir información instantáneamente, y el mero hecho de observar un fenómeno cuántico puede modificarlo radicalmente. Pero lo más extraño de todo es que el universo mismo no estaría compuesto de materia ni de energía, sino de información"*.

Veamos ahora lo que dicen James Ladyman, catedrático de filosofía en la universidad de Bristol y Don Ross, catedrático de filosofía y de economía en la universidad de Alabama en Birmingham [15]: *"El realista científico defiende que la mesa es en su mayor parte espacio vacío, y que la materia, el espacio, el tiempo y todos los demás fenómenos físicos no son en absoluto como parecen ser" (pág. 102)*.

"Las cosas no existen. Estructura es todo lo que hay. [...] Los objetos son estrategias pragmáticas usadas por los agentes para orientarse en las regiones del espacio-tiempo

y para construir representaciones aproximadas del mundo" (pág. 130).

"Tanto la mecánica cuántica como la relatividad general nos enseñan que la naturaleza del espacio, del tiempo y de la materia crea profundas dificultades a una metafísica que describe el mundo como compuesto de individuos que existen por sí mismos. En la medida en que las partículas cuánticas y los puntos del espacio-tiempo sean individuos, los hechos acerca de su identidad y diversidad no son intrínsecos a ellos sino que más bien están determinados por sus estructuras relacionales" (pág. 151).

"Entre los filósofos de la física existe un consenso cada vez mayor acerca de que la física motiva el abandono de una metafísica que parta de la base de individuos fundamentales que existan por sí mismos" (pág. 153).

"Afirmamos que es un residuo metafísico de una física obsoleta el suponer que el universo está hecho de algo, sea objetos o procesos, y que se debería renunciar a estas metáforas caseras" (pág. 172).

"El mundo está hecho de información. [...] El mundo no está hecho de nada y la información es un concepto fundamental para entender la modalidad objetiva del mundo" (pág. 189).

"Los naturalistas no deberían creer en 'objetos materiales'. Los 'objetos materiales' en cuestión no son lo que la física o cualquier otra ciencia estudia; son puras invenciones filosóficas" (pág. 302).

Recapitulemos: habíamos dicho que lo real es lo que existe por sí mismo independientemente del observador. Pero la relatividad general dice que el espacio-tiempo no es absoluto, sino relativo, es decir, que para definirlo hace falta un punto de referencia que es precisamente la ubicación espacio-temporal del observador, quien por tanto influye decisivamente en el resultado obtenido. También en la física cuántica el observador determina decisivamente algunas propiedades del objeto observado, hasta el punto de que aquello que no es observado no se materializa en ninguno de sus distintos valores posibles, sino que permanece en estado potencial [16]. Así que el mundo de la materia-energía no existe por sí mismo independientemente del observador, y por tanto no es real. Por una de esas ironías de la vida, es precisamente la rama más materialista de la ciencia —la física— la que nos lleva a la conclusión ineludible de que la materia-energía no existe.

¿Tan extraña y repulsiva es la idea de que el mundo material es ilusorio? Al fin y al cabo, esto es precisamente lo que sostiene la religión hindú, que incluso tiene un nombre para esta realidad aparente: *maya*. El hinduismo existe desde hace más de 3.000 años, y es por tanto más antiguo que el judaísmo, el cristianismo o el islam. Hoy en día hay más de 900 millones de personas que profesan la religión hindú, y que por tanto creen firmemente que la materia-energía es una ilusión de la percepción. Es la tercera religión más grande del planeta, si empleamos la cantidad de creyentes como criterio de comparación. Pero no hace falta echar mano de culturas tan lejanas: también Platón afirmaba lo mismo, ilustrándolo con su famoso mito de la caverna. A lo largo de la historia de la cultura occidental ha habido muchos filósofos que se han adherido al platonismo y por tanto sostienen que el mundo de la materia-energía no es el real. Calderón de la Barca escribió no solo con calidad literaria, sino también con profundidad filosófica su famosa frase: *"la vida es sueño y los sueños, sueños son"*. El más claro defensor del inmaterialismo fue el obispo irlandés George Berkeley, cuyo principio fundamental dice que el mundo que se representa en nuestros sentidos solo existe si es percibido. Muchas personalidades de la actualidad siguen opinando eso mismo, como por ejemplo Jostein Gaarder [17]. Por otro lado, películas como *Matrix* y juegos de rol por internet como *Second Life*, aunque son pura fantasía, nos han familiarizado con la expresión *realidad virtual*. Esta expresión es en buena lógica una contradicción en sus propios términos, pero todos entendemos perfectamente su significado que, aunque parece paradójico, no tiene nada de absurdo.

Conviene recalcar que muchos de los científicos mencionados reconocen que se puede dar cuenta de la realidad que percibimos de dos maneras: mediante un inmaterialismo del estilo de Berkeley o mediante el materialismo cientificista. Declaran que por principios (es decir, por prejuicios dogmáticos) la primera opción les parece inaceptable y por tanto se dedican a estudiar a fondo la segunda [18]. Pero, para su propia sorpresa, llegan a la conclusión de que la premisa de la que habían partido resulta ser falsa, y por tanto queda demostrado por reducción al absurdo que la primera opción era la correcta.

1.1.4. El espíritu es la realidad última

Hemos visto que en la escala de menor a mayor realidad teníamos el unicornio, el sueño, el espejismo y la materia-energía. También hemos visto que esta última no es completamente real. Entonces, ¿cuál es el último peldaño de esta escalera hacia la realidad? ¿Cuál es la realidad absoluta y definitiva?

Si la materia-energía no es una sustancia que exista por sí misma, sino un fenómeno que se manifiesta cuando lo observamos porque lo creamos al observarlo, entonces necesariamente tenemos que existir nosotros, que somos quienes creamos esa ilusión de realidad y la percibimos. Al igual que ocurría con el sueño y con el espejismo, no existe el objeto percibido, pero sí existen la acción de la percepción y el sujeto perceptor.

Si la materia-energía no existe, sino solo los seres humanos, entonces nosotros no podemos ser materiales, sino que tenemos que estar hechos de otra sustancia, que por eliminación no puede ser más que consciencia pura, espíritu vivo. O sea, que el espíritu es la única realidad verdadera.

El espíritu engendra la materia-energía, está en una dimensión diferente y superior a ella, y por tanto no está sujeto a las leyes de la Naturaleza. Así, por ejemplo, en el espíritu no existen las distancias espaciales ni temporales. El espíritu es la vía de conexión que permite saltarnos estas barreras y dar cuenta fácilmente de fenómenos científicamente comprobados pero hasta ahora inexplicables, como por ejemplo el entrelazamiento cuántico, que es el hecho de que dos partículas subatómicas muy distantes intercambian información en tiempo cero, lo cual contradice la relatividad general según la cual no pueden existir velocidades superiores a la de la luz [19]. La conexión de las partículas entrelazadas no es material, sino espiritual. Es el mismo tipo de conexión que la telepática que se ha comprobado que existe entre los gemelos univitelinos separados geográficamente.

La materia-energía no tiene influencia directa sobre el espíritu. Por ejemplo: si me cortan un brazo, sigo siendo yo, exactamente la misma persona. Puede que la pérdida del brazo me afecte emocionalmente hasta el punto de que me cambie el carácter, pero también puede que esto no ocurra. Depende de cómo me tome yo la nueva situación, no de la ausencia de mi brazo.

El espíritu sí tiene influencia directa sobre la materia-energía. La prueba está en el efecto placebo y en las enfermedades psicosomáticas, que suponen más del 90% de todas las enfermedades que nos aquejan.

Sin embargo, en la inmensa mayoría de los casos el poder del espíritu individual sobre la materia-energía se limita a la del propio cuerpo: por mucho que me esfuerzo, nunca consigo doblar con la mente esta cuchara, ni hacer levitar esta piedra.

Empleando la alegoría de la realidad como juego de ordenador, yo puedo configurar las características físicas y psíquicas de mi personaje virtual, pero no puedo cambiar las reglas del juego ni los paisajes por los que los personajes nos movemos. Este tipo de realidades virtuales externas a mi personaje parecen objetivas, ya que hay acuerdo intersubjetivo acerca de sus propiedades, porque todos los personajes las experimentamos de la misma manera y además no las podemos modificar. Pero la ciencia nos demuestra que esa realidad objetiva también es una ilusión. ¿Cómo se puede resolver esta paradoja? Hay dos opciones posibles.

En primer lugar, cabe suponer que hay un Dios creador del mundo que es quien ha diseñado las reglas de lo que llamamos realidad objetiva, es decir, que además de los jugadores normales hay una especie de superjugador que es el programador que ha diseñado el juego con sus reglas y escenarios.

En segundo lugar, cabe pensar que los humanos no somos individuos inconexos. Nuestros cuerpos materiales son lo que nos individúa y nos separa a unos de otros. Lo que de verdad somos no es cuerpo, sino consciencia. Es perfectamente plausible pensar que el espíritu es una consciencia única global, que a veces se manifiesta por ejemplo en forma de una piedra, la cual carece de consciencia aparente, y otras veces se manifiesta en forma de individuo humano, cuya perspectiva sobre la realidad es tan limitada que su consciencia resulta también limitada. Así pues, el espíritu no es un ente colectivo integrado por la suma de todas las consciencias individuales limitadas, sino más bien una consciencia única ilimitada que va mucho más allá de la suma de sus partes manifiestas.

Normalmente en ciencia se emplea el principio metodológico llamado *la navaja de Ockham* [20], que consiste en considerar que la teoría más simple, la que postula el menor número de entidades, es la preferible, siempre que explique los fenómenos observados de manera igualmente correcta y completa. Esta segunda opción que acabamos de ver resuelve la paradoja de manera igualmente satisfactoria, y además prescinde de la distinción entre Dios y las almas individuales, con lo cual simplifica mucho la noción del espíritu y por ende nos ahorra las abundantes dificultades que surgen en muchas religiones en torno a la supuesta subsistencia del alma individual más allá de la muerte corporal.

1.2. El fin del individualismo y el paso a la consciencia transpersonal

El segundo dogma más fuertemente enraizado en la sociedad occidental moderna es la idea de que somos individuos, es decir, que estamos separados de los demás humanos y también del resto del universo. Esta idea es errónea. Ante tal afirmación sientes un fuerte rechazo, ¿verdad?

1.2.1. ¿Qué es el individuo?

¿Cómo identifico por ejemplo el río Júcar? Es el río que cruzo todos los días. ¿Cómo sé que es el mismo río? Porque siempre está allí cuando paso por el puente. Pero el agua no deja de fluir río abajo, así que cada vez que vuelvo a mirarlo, las moléculas de agua que lo integran son diferentes. Entonces ¿en qué consiste la identidad del río? En su ubicación permanente y en el hecho de que siempre lleva agua que fluye. Es decir, identifico este ente individual llamado río no por su composición material, que está en constante renovación, sino por su forma inmaterial que obtengo por abstracción cuando observo la materia en permanente flujo y compruebo que hay ciertas características del conjunto que no experimentan cambios a lo largo del tiempo. Lo mismo ocurre con la vida: no se define por la materia de la que está compuesta, sino por su forma abstracta, que es lo único que permanece en el tiempo [21].

En efecto, una célula está constantemente intercambiando materia con el exterior: por una parte toma sustancias nutritivas del entorno y por otra parte libera al entorno las sustancias que desecha. Para mantener su inestable equilibrio bioquímico que llamamos vida, la célula realiza una enorme cantidad de reacciones químicas por segundo. Cambiemos de escala: el cuerpo humano consta de millones de millones de células, la mayoría de las cuales tienen una vida media de un mes [22]. Es decir, que en un par de meses hemos renovado la práctica totalidad de nuestro inventario celular. Todos los días ingerimos muchos líquidos y sólidos, y evacuamos otros tantos. Constantemente al respirar estamos introduciendo el oxígeno del aire en nuestro cuerpo y exhalando al aire el anhídrido carbónico que sale de nuestro cuerpo. La materia no hace más que fluir a través de los organismos vivos, entrando como alimento, renovando el contenido material de éstos y saliendo como excremento. No es la materia la que define al individuo vivo, sino la estructura con la que él modela su soporte material. Así pues, es inapropiado el símil que compara a un ser vivo compuesto de células con una casa compuesta de ladrillos. Sería más adecuado compararlo con la secuencia de estelas que un niño dibuja con su palo en el agua de un estanque.

¿Somos realmente individuos independientes y separados de nuestro entorno? ¡No! Si interrumpiéramos el intercambio constante de materia con nuestro entorno, moriríamos rápidamente: en pocos minutos si dejásemos de respirar, en pocos días si dejásemos de beber, y en pocas semanas si dejásemos de comer.

Nueve de cada diez células de lo que llamamos nuestro cuerpo no llevan nuestro ADN, sino que son bacterias que viven en simbiosis con nosotros [23]. Sin ellas hay muchas funciones corporales que no podríamos realizar, como por ejemplo la digestión.

La ecología nos enseña que en un ecosistema todos los seres vivos y todos los factores medioambientales están interrelacionados y son imprescindibles para mantener el equilibrio del conjunto. Si este equilibrio se rompe, la inmensa mayoría de los seres vivos se ven abocados a la muerte. Hoy en día, en tiempos del cambio climático global, ya nadie puede dudar de que el planeta entero sea nuestro ecosistema, el único lugar del universo conocido en el que podemos vivir.

Pero tampoco podríamos vivir sin el Sol. Así que el sistema solar es nuestro ecosistema. Y tampoco podríamos vivir sin las generaciones pasadas de estrellas que al fundir átomos en su núcleo han ido creando sucesivamente los diferentes tipos de átomos cada vez más pesados que son necesarios para formar las moléculas orgánicas de las que se compone la vida. Así que el universo entero es nuestro ecosistema. Desde el Big Bang hasta el momento presente, todo lo que ha sucedido y todo lo que existe ha sido necesario para que hoy podamos estar aquí.

Veamos ahora lo que dice Stefan Klein [24], uno de los escritores de divulgación científica más reconocidos en la actualidad: *"[Debemos] a las neuronas espejo la capacidad de imitar los gestos de otros. [...] [También] las células cerebrales de este tipo reflejan sentimientos de otros. Cuando vemos o solo sabemos que otra persona tiene dolores, nuestro cerebro reacciona como si nuestro propio cuerpo sintiera esos dolores. [...] Con su ayuda experimentamos padecimientos y alegrías ajenos como sentimientos propios, como si los límites entre nuestro Yo y el otro se difuminaran transitoriamente. [...] Este tipo de sensación se activa de forma involuntaria. [...] Estas células grises no son sino una parte de un sistema cerebral empático descubierto hace poco. [...] Se encargan de que nos dejemos contagiar por las emociones de otros, de que podamos sentirlas como nuestras, de que comprendamos a nuestro prójimo y acabemos sintiendo compasión por él. Todas estas distintas emociones conforman la empatía, nuestra capacidad para ponernos en el lugar de los demás. [...] La empatía [...] se desarrolla de manera automática, [...] es algo tan natural como comer, beber y respirar. Y así como debemos esforzarnos para retener el aliento, también mirar impávidos cuando otra persona sufre ante nuestros ojos nos exige un esfuerzo consciente [...]. Por suerte no compartimos solo los pesares, sino también los sentimientos gratos de los demás".*

La física nos enseña que *"los términos de descripción y los principios de individuación que usemos para rastrear el mundo varían con la escala mediante la que midamos el mundo. [...] En la escala cuántica no hay gatos; en las escalas apropiadas para la astrofísica no hay montañas"* [25]. Tanto es así que los científicos llegan a afirmar: *"Negamos la existencia de cosas individuales"* [26]. Una de esas cosas cuya existencia niegan es también el cuerpo humano, claro.

Ken Wilber, uno de los filósofos más leídos e influyentes de la actualidad, demuestra mediante el razonamiento lógico que el concepto del *yo* es un error de base porque la separación entre el *yo* y *todo lo demás* es una equivocación, dado que no se basa en ninguna evidencia real [27].

Duane Elgin, un investigador que ha recibido numerosos galardones y reconocimientos, reúne evidencias de la cosmología, la biología y la física que demuestran el que el universo es un ser vivo único, y que nosotros somos seres de conexión cósmica [28].

En resumen: a nivel espiritual, biológico, ecológico, neurológico, físico y filosófico ha quedado demostrado que no somos individuos, sino que estamos en permanente conexión con el todo, del que formamos parte.

¿Tan extravagante e inaceptable es esta idea? Al fin y al cabo es precisamente una de las enseñanzas centrales del budismo, que niega la existencia del ego, diciendo que es una ilusión. El budismo cuenta con casi 500 millones de creyentes, con lo cual es la cuarta religión mundial en términos cuantitativos, y tiene unos 2.500 años de antigüedad, así que es más antigua que el cristianismo y el islam. No será una idea tan descabellada cuando tantos millones de personas llevan tantos miles de años creyendo firmemente en ella.

1.2.2. ¿Qué es el ser humano?

Algunos animales llevan una vida solitaria, como el tigre; otros viven en grupo. Cuando observamos desde una cierta distancia uno de estos grupos en movimiento, por ejemplo un banco de peces, una bandada de aves o un rebaño de ovejas, percibimos claramente que sus dinámicas son orgánicas, como si el verdadero ser vivo fuera el conjunto, y no el individuo. El ser humano pertenece también a este tipo de animales gregarios, cosa que podemos observar fácilmente en fenómenos como las modas, la aversión que de repente cogieron los alemanes a los judíos en época de Hitler o la pasión que repentinamente les entró a los españoles por el fútbol en época de Franco. Ya lo dice la sabiduría popular: "¿A dónde va Vicente? ¡Adonde va la gente!".

Solemos definir nuestra identidad personal mediante nuestro cuerpo, porque cada uno de nosotros tiene el suyo propio. Pero este no ha hecho más que cambiar desde que nacimos. Un anciano de 80 años se parece muy poco al adulto que vemos en sus fotos de hace 50 años, el cual tampoco se parece apenas al bebé que vemos en sus fotos de hace 80 años. Por otro lado ya hemos visto que perder una parte de nuestro cuerpo no hace ningún menoscabo a nuestra identidad. Y al fin y al cabo nuestro cuerpo físico no existe.

Tampoco la personalidad nos sirve para identificarnos de manera individualizada, ya que hay apenas unos cuantos tipos básicos de personalidad. Los psicólogos saben que todos somos muy similares, cada cual con una combinación diferente de las mismas cualidades, que simplemente se dan en distinto grado en cada uno de nosotros. Además, la personalidad suele evolucionar y cambiar mucho a lo largo de nuestra vida.

Así que tenemos que recurrir a la mente para encontrar nuestras señas de identidad. Cada uno de nosotros tiene su propia historia vital, sus propios recuerdos. Aunque dos hermanos gemelos se hayan criado siempre juntos, cada uno tiene su nombre propio y ha visto la vida desde su propio punto de vista, que nunca puede coincidir completamente con el del otro. Pero ¿y si yo tuviese un ataque de amnesia y perdiese completamente la memoria? ¿Dejaría de ser yo? Claro que no. Entonces ¿quién soy ese yo que no tiene cuerpo ni personalidad ni recuerdos? ¡Ese yo no sería distinto de cualquier otro!

Efectivamente, todo indica que el espíritu no es individual, sino global. Recordemos además que hemos visto que necesariamente todos los humanos tenemos que estar muy íntimamente conectados unos con otros a nivel espiritual, porque de lo contrario no sería explicable que hayamos creado una ilusión de mundo material tan intersubjetivamente coincidente y tan coherente. Por tanto, no solo nuestra individualidad física es una ilusión, sino que también nuestra individualidad emocional, mental y espiritual es ilusoria.

El hinduismo, la tercera religión más grande del mundo, afirma que nuestro verdadero ser es *brahman*, el alma universal que todos los seres (no solo los humanos) tenemos en común y que por tanto nos une. Así que tampoco podemos rechazar esta idea con ligereza solo porque a nosotros nos resulte desacostumbrada.

1.2.3. El sexto sentido y el misticismo

Nuestros cinco sentidos nos permiten ver, oír, tocar, oler y saborear el mundo exterior. Nuestro sexto sentido nos permite explorar el mundo interior. Así, por ejemplo, cuando miramos hacia dentro para buscar un dato en nuestra memoria, no estamos mirando literalmente con los ojos, ni tampoco la mirada se dirige literalmente hacia dentro de nuestro cuerpo: es nuestra dimensión inmaterial la que estamos percibiendo. Este sexto sentido es una fuente de certeza al menos tan fiable como los otros cinco: estoy completamente seguro de que recuerdo cierto detalle, o de que ahora estoy pensando en cierto tema, o de que estoy experimentando cierto sentimiento.

Independientemente de que técnicamente sea posible medir mis recuerdos, pensamientos y sentimientos, no me cabe la menor duda de que son reales y de que los estoy experimentando. El problema es que aparentemente nadie más que yo puede percibir todo esto, con lo cual habría que considerar que el mundo interior es subjetivo. Y decíamos que cuanto más objetiva es una cosa, más real es. Por este motivo las personas de mentalidad materialista desprecian el mundo interior, ya que no lo consideran suficientemente real. Sin embargo, en los últimos años se están haciendo grandes progresos tecnológicos en neurología (por ejemplo las tomografías cerebrales tridimensionales) que ya permiten rastrear este tipo de actividades cerebrales [29]. Es decir, los últimos avances científicos han devuelto la objetividad y la respetabilidad a los procesos mentales.

Las personas místicas son grandes virtuosas de la introspección, porque cuando miran hacia su mundo interior, pueden ver cosas que la mayoría de nosotros no podemos. Pues bien, resulta que lo que estas personas nos cuentan es siempre lo mismo, a pesar de sus enormes diferencias culturales y religiosas, y a pesar de las grandes distancias temporales y geográficas que las separan. Independientemente unas de otras, todas estas personas excepcionales han estado percibiendo lo mismo desde hace miles de años [30]. Decíamos que el acuerdo intersubjetivo es el mayor grado de objetividad posible, así que hay que reconocer que la mística nos ofrece un grado de objetividad similar al de las ciencias físicas.

Veamos ahora en qué coinciden todos los mensajes místicos de todas las épocas y culturas. Afirman que cuando el espíritu individual humano se funde con el espíritu global, su yo individual muere, desaparece en éxtasis gozoso para pasar a una dimensión superior de consciencia en la que ya no existen las diferencias ni las separaciones, en la que confluyen el yo con el no-yo, el todo con la nada. Mantienen que el espíritu está más allá de cualquier posible descripción mediante palabras. Recurren a paradojas y metáforas para expresar lo inexpresable, y entonces lo describen como una luz maravillosa que todo lo inunda, como un amor sin condiciones, como una belleza sin fin, como una armonía transcendente en la multiplicidad y como una satisfacción plena.

En resumen, el ser humano no es un ente material ni tampoco individual, sino una manifestación concreta del espíritu global; es consciencia en estado puro, indescriptible mediante el lenguaje, pero indudablemente emparentada con nociones como luz, armonía, belleza, amor infinito y felicidad completa.

1.2.4. La evolución y la historia de la Humanidad

Si la consciencia feliz es nuestra esencia, entonces ¿por qué la mayoría de los humanos somos tan inconscientes y tan infelices? Precisamente porque nos hemos apartado de nuestra esencia. El espíritu es un ser vivo único y global que se manifiesta en una inmensa multiplicidad de fenómenos. Eso mismo se puede decir de la Naturaleza vista en su conjunto, la cual es, por tanto, la manifestación del espíritu que más se le asemeja. Cuando el ser humano vive en armonía con la Naturaleza, vive de acuerdo con su propia esencia y es feliz.

El universo se originó hace unos 13.700 millones de años. La Tierra se formó hace unos 4.500 millones de años. La vida animal surgió en la Tierra hace unos 600 millones de años. El ser humano empezó a existir como especie distinta de los demás primates hace unos 3 millones de años. Las primeras pinturas rupestres tienen unos 40.000 años de antigüedad. La última glaciación terminó hace unos 10.000 años, y a partir de entonces la civilización humana empezó a desarrollarse paulatinamente: se fueron descubriendo la agricultura, la ganadería, la vida en ciudades. Hace unos 5.000 años se inventó la escritura y comenzó la historia. Desde entonces, las personas no hemos dejado de hacernos sufrir unas a otras: guerras, esclavitud, crueldades, violencia, maltratos. Hace unos 2.500 años tuvo lugar una revolución espiritual en muchas culturas al mismo tiempo [31]: hasta entonces, las religiones se habían centrado en adorar a los dioses, pero el nuevo mensaje de Confucio en China, de Buda en India, de la Tora en Israel y de Sócrates en Grecia se centraba en una ética práctica de respeto al ser humano; fue también por esta época cuando el pueblo griego inventó la democracia. A finales del siglo XVIII, la Declaración de Independencia de los Estados Unidos de América proclamó por primera vez en la historia los derechos humanos, entre ellos el de la búsqueda de la felicidad; casi al mismo tiempo estalló la Revolución Francesa, que defendía los ideales de libertad, igualdad y fraternidad. En 1948 se publicó la Declaración Universal de los Derechos Humanos. En los años 1970 surgió el movimiento ecologista, que busca la armonía del ser humano con la Naturaleza.

En los años 1990 se generalizó el uso de internet y se extendió el concepto de globalización. Últimamente en España los libros de autoayuda han alcanzado las listas de los

más vendidos; el número de divorcios supera al de matri-
monios; cada vez hay menos fieles en las iglesias; cada vez
son más las personas que tienen depresión, estrés, ansiedad
o una crisis personal. La necesidad de una nueva escala de
valores es creciente y acuciante. La evolución del universo,
de la vida y del ser humano se acelera cada vez más en dirección al progreso espiritual.

En muchas culturas existe el mito del paraíso perdido,
una edad dorada de la Humanidad en la que las personas
vivían felices en la selva sin civilización, sin trabajar y sin
problemas: bastaba con alargar la mano para coger los
alimentos que necesitaban. El resto del día lo pasaban jugando, bailando, charlando o descansando. En Samoa, por
ejemplo, este idilio siguió siendo una realidad hasta el siglo XX [32]. Al igual que los animales y las plantas, los
humanos originarios estaban inmersos en la Naturaleza y
eran felices, pero inconscientes. Fue necesario el proceso
de civilización que nos apartó de la comunión con la Naturaleza para que aprendiéramos a valorar la felicidad perdi-
da. Fueron necesarios esos milenios de guerras y violencia
para despertar nuestra sed de concordia y de respeto a la
dignidad humana.

Ahora ha llegado el momento de dar un salto cualitativo.
La Humanidad necesita entrar en una nueva fase de consciencia espiritual que nos permitirá volver a vivir felices en
armonía con los demás humanos y con la Naturaleza, pero
sin perder los conocimientos y la consciencia que hemos
adquirido durante este largo periodo de desconexión con
nuestra verdadera esencia. Si no nos decidimos a dar este
salto, se derrumbará el sistema actual, que es completamente insostenible en muchos aspectos, y pereceremos.

El darwinismo sostiene que la vida es una lucha sin cuartel en la que solo el más fuerte sobrevive, y que este mecanismo de selección natural es el principal factor que da origen a la evolución de las especies. Pongamos un ejemplo: cuando dos leones compiten por el liderazgo de la manada, el más fuerte será el vencedor, fecundará en exclusiva a todas las hembras de la manada y será solo él quien tenga descendencia, de manera que solo sus genes se perpetuarán, y no los de sus competidores más débiles. Sin embargo, los últimos avances de la ciencia indican que en la evolución hay otros factores más importantes [33]. Así, por ejemplo, hay muchas especies de aves en las que el macho atrae a la hembra por la belleza de su plumaje, de manera que los que tienen descendencia son los más bellos, no los más fuertes.

Hasta aquí hemos estado viendo la lucha por la supervivencia siempre desde la perspectiva del individuo. Si la miramos desde la perspectiva de la especie, resulta que las especies colaborativas tienen un éxito de supervivencia mucho mayor. Así, por ejemplo, el poder de supervivencia de las hormigas radica en la colaboración de muchos individuos para llevar a cabo una tarea de utilidad común, no en la fuerza ni en las capacidades de una hormiga individual. Un lobo tiene muchas menos posibilidades de éxito en la caza si va solo que si forma parte de una manada de lobos. Los monos que se despiojan unos a otros estarán más sanos y tendrán más posibilidades de supervivencia que los monos individualistas.

Los animales que son capaces de entablar una relación de simbiosis con otras especies aumentan considerablemente sus posibilidades de supervivencia. Así, por ejemplo, el cocodrilo que abre sus fauces y permite que unos pajarillos le limpien los dientes, tendrá una dentadura más sana y una esperanza de vida mayor; para los pajarillos es un festín de comida fácil, y no tienen miedo de que el cocodrilo cierre su boca y se los trague.

Todo esto es también aplicable para el ser humano. Stefan Klein [34] demuestra que el ser humano es básicamente altruista y que ello ha constituido precisamente nuestra principal ventaja evolutiva. En efecto, si colaboramos unos con otros, aumentan considerablemente las posibilidades de supervivencia de todos y cada uno de nosotros. Ninguno de los grandes logros de la Humanidad, como por ejemplo el desarrollo tecnológico, hubiera sido posible sin la colaboración de muchísimas personas. Si por el contrario nos pasamos la vida haciéndonos la competencia y poniéndonos la zancadilla unos a otros, corremos el grave peligro de que nuestra especie se extinga de la faz de la tierra antes de que acabe el siglo XXI.

1.3. El fin del pensamiento único y el paso al relativismo

Paul Watzlawick era un alemán que emigró a Estados Unidos, donde llegó a ser una eminencia en la psicoterapia. Veamos una cita de uno de sus libros más importantes: *"Lo que llamamos realidad es el resultado de la comunicación. A primera vista, se diría que se trata de una tesis paradójica, que pone el carro delante de la yunta, dado que la realidad es, de toda evidencia, lo que la cosa es realmente, mientras que la comunicación es solo el modo y la manera de describirla y de informar sobre ella.*

Demostraremos que no es así; que el desvencijado andamiaje de nuestras cotidianas percepciones de la realidad es, propiamente hablando, ilusorio, y que no hacemos sino repararlo y apuntalarlo de continuo, incluso al alto precio de tener que distorsionar los hechos para que no contradigan a nuestro concepto de la realidad, en vez de hacer lo contrario, es decir, en vez de acomodar nuestra concepción del mundo a los hechos incontrovertibles.

Demostraremos también que la más peligrosa manera de engañarse a sí mismo es creer que solo existe una realidad; que se dan, de hecho, innumerables versiones de la realidad, que pueden ser muy opuestas entre sí, y que todas ellas son el resultado de la comunicación, y no el reflejo de verdades eternas y objetivas" (35).

En última instancia, toda actividad científica no es más que la comunicación del personal científico con sus aparatos de medida, la interpretación de esos datos y la comunicación de los resultados al resto de la comunidad científica. Por tanto, también la ciencia está sujeta a este principio de relatividad de los conceptos. En consecuencia, es de suma importancia evitar el pensamiento único, es decir, el convencimiento de que solo hay una verdad y además soy justamente yo quien la posee. Esta postura absolutista, también conocida como fanatismo o fundamentalismo, está ampliamente extendida entre los seres humanos, pero no por ello deja de ser síntoma de una higiene mental muy deficiente.

1.4. Conclusión

La ciencia moderna ha demostrado más allá de toda duda razonable que este mundo de la materia-energía es ilusorio. Hemos visto que, por tanto, la única realidad verdadera es el espíritu, es decir, una consciencia única y global caracterizada por el amor, la armonía, la belleza y la felicidad. El ser humano no es un ente material individual, sino una manifestación parcial del espíritu. En otras palabras: por breve tiempo estamos de paso en este mundo, pero no somos de este mundo.

2. Una ética nueva

2.1. El fin de la competitividad egoísta y el paso a la cooperación solidaria

La ética nos dice qué cosas están bien y cuáles mal. Si pretendemos que alguien siga una norma ética, es necesario explicarle por qué ha de hacerlo. La mayoría de los sistemas éticos vienen dados por las religiones. La fundamentación de este tipo de ética se puede resumir como sigue: "Debes hacer esto porque lo dice Dios a través de mí, ya que yo tengo con él una conexión en exclusiva. Es decir, debes hacer esto porque yo lo digo. Obedece y calla, porque mi conexión privilegiada con Dios me permite amenazarte con el castigo divino si no me haces caso". Hoy en día este tipo de justificación normalmente ya no resulta aceptable, porque hay cada vez más personas que se dan cuenta del embuste. Además, este método ni siquiera funciona con las personas verdaderamente creyentes, ya que actuarán coaccionadas por el miedo al castigo, lo cual es equivalente a obligarlas a punta de pistola; el fallo está en que sin libertad no hay moralidad, porque una conducta solo puede ser moral si es libremente elegida. Las autoridades religiosas argumentan que efectivamente amenazan con el castigo divino porque el populacho es inmaduro e incapaz de entender por sí solo la diferencia entre el bien y el mal.

No obstante, en seguida veremos que la ética se puede fundamentar con el sentido común, y que cualquiera la puede entender. Nos han vendido la moto de que los fundamentos de la ética son de un nivel filosófico elevadísimo e inalcanzable para el común de los mortales porque nos quieren mantener alejados de una verdad que es muy simple y por tanto muy peligrosa para quienes quieren mantenernos en la ignorancia y someternos.

Efectivamente, la moralidad natural se basa en un principio de sentido común tan sencillo que incluso un niño pequeño lo puede entender: **trata a los demás como te gustaría que trataran a ti.** El famoso imperativo categórico de Kant no es más que una reformulación de esta misma idea. El problema es que este principio moral exige que en algunos casos sacrifiquemos nuestros intereses propios por respeto a los del prójimo.

Muchas personas egoístas no están dispuestas a renunciar voluntariamente a nada, sino que deciden engañarse a sí mismas justificándose de la siguiente manera: "Yo trato a los demás como me han tratado a mí." Esta actitud es profundamente inmoral, porque reproduzco precisamente esos maltratos que yo mismo condenaba cuando era la víctima. Además, esta actitud no contribuye a solucionar los problemas de la convivencia humana, sino a agravarlos. En palabras de Gandhi: *"Ojo por ojo y todo el mundo acabará ciego".*

Otras personas egoístas rechazan de un modo más directo la ética natural porque piensan lo siguiente: "Si soy listo, me aprovecharé del prójimo y no obstante le haré creer que soy bueno. Por otro lado, si soy lo suficientemente poderoso, ni siquiera tendré que hacerme pasar por bueno: bastará con someter al prójimo por la fuerza". Este argumento parece irrefutable, pero solo se sostiene a corto plazo y desde la perspectiva aislada de un individuo. Veamos lo que ocurre desde una perspectiva social: *"Necesariamente, los más fuertes [...] intentarán aprovecharse de los menos fuertes, sea por la fuerza y la violencia o por la sugestión. Luego las clases oprimidas derrocarán a sus gobernantes, y así sucesivamente. La lucha de clases quizá podría volverse menos violenta, pero no podrá desaparecer mientras la codicia domine el corazón humano"* [36].

A corto plazo es posible explotar al prójimo sin que se rebele. Pero poco después de empezar el expolio, el conjunto de la sociedad asume que esta actitud es la regla, y a partir de ese momento todas y cada una de las personas se convierten en depredadoras despiadadas unas de otras, de manera que la vida es un puro infierno para todas. El consiguiente miedo al prójimo es el origen profundo del ansia de poder. Por mucho poder que acumule el tirano, nunca tendrá suficiente, a no ser que mate a todos sus súbditos; ese día habrá acabado definitivamente con toda posible amenaza, pero al mismo tiempo se habrá quedado también sin sirvientes, y perecerá. Esta reducción al absurdo indica que el camino por el que va actualmente la Humanidad conduce a la extinción de nuestra especie.

El problema es que la persona egoísta no piensa en el futuro de la Humanidad, ni siquiera en el de sus hijos, sino solo en su propio bienestar y en su ambición personal de poder. Pero a esta persona le podemos decir que Stefan Klein demuestra [37] que incluso a nivel individual el altruismo es una estrategia más exitosa que el egoísmo para prosperar materialmente y tener salud; y en cuanto a la felicidad personal individual, no es posible alcanzarla mediante el egoísmo, sino solo mediante el altruismo.

Erich Fromm [38] sostiene que el sentimiento de separación de las demás personas y de la Naturaleza hace que la persona se sienta sola, desvalida, angustiada y profundamente infeliz. Por otro lado, está científicamente demostrado que cuando una persona coopera con el prójimo, se siente feliz: el *nucleus accumbens* es el circuito de nuestro cerebro encargado de proporcionar placer, y se activa por ejemplo con el chocolate, con una subida de sueldo o con el sexo, pero también con la práctica del altruismo [39].

En última instancia, los seres humanos no somos individuos separados unos de otros, sino que formamos parte del espíritu global, que es único. Por tanto, lo que hacemos al prójimo, nos lo estamos haciendo a nosotros mismos. Si mi mano derecha da un arañazo a mi mano izquierda, se está haciendo daño a sí misma indirectamente, ya que ambas forman parte de mí. Si hago el bien al prójimo, viviré en un entorno feliz y amistoso. Si maltrato al prójimo, viviré en un entorno hostil y venenoso.

Es fácil estar de acuerdo en que matar, violar y torturar son éticamente incorrectos. Pero quizá haya muchas personas que piensen que el maltrato psicológico no es tan malo. Pues bien, la ciencia ha demostrado que es igual de malo: la corteza insular es la parte del cerebro que normalmente reacciona ante los dolores corporales, pero también se activa cuando sentimos que alguien nos trata desconsideradamente. Es decir, el cerebro trata los dolores psíquicos exactamente igual que los físicos [40].

Resumiendo, podemos decir que hay cuatro tipos de relaciones humanas:

(1) tú pierdes / yo pierdo;

(2) tú pierdes / yo gano;

(3) tú ganas / yo pierdo;

(4) tú ganas / yo gano.

(1) Generalmente, en los enfrentamientos y guerras todos pierden. Si tú pierdes y yo pierdo, está claro que nuestra manera de relacionarnos es inadecuada, porque no beneficia a nadie.

(2) A veces parece que exista la posibilidad de que yo gane a base de hacer que otros pierdan, pero a la larga acabo provocando que se venguen, o al menos que me traten de la misma manera. Dice la sabiduría popular que "quien a hierro mata, a hierro muere". En definitiva, puede parecer que exista un tipo de relaciones en las que tú pierdes y yo gano, pero solo es una fase temporal. Al final, acaban convirtiéndose en relaciones en las que todos perdemos.

(3) Hay que estar realmente muy mal de la cabeza para elegir voluntariamente este tipo de relación, porque incluso los masoquistas sienten que ganan algo cuando se dejan maltratar.

(4) Es la única alternativa inteligente. En biología se denomina simbiosis. Nos ayudamos mutuamente, colaboramos, todos ganamos y nadie pierde.

Por ende, podemos definir el mal como aquello que nos perjudica materialmente y nos hace infelices, es decir, el egoísmo y la competitividad. El bien lo podemos definir como aquello que nos beneficia materialmente y nos hace felices, es decir, la solidaridad y la colaboración.

2.2. El sentido de la vida es la felicidad

Si preguntamos a una persona infeliz cuál es el sentido de la vida, contestará que no lo sabe, o que la vida no tiene sentido. Si preguntamos a una persona feliz cuál es el sentido de la vida, contestará que el sentido de la vida es sencillamente vivir, o simplemente ser feliz. La felicidad es, por su propia definición, el objetivo que todos perseguimos en la vida.

La gran pregunta que nos hacemos es: ¿cómo alcanzar la felicidad? Ante todo debe quedar claro que la felicidad está

95

en todo momento al alcance de nuestra mano. Solo hace falta un pequeño esfuerzo de voluntad para estirar el brazo y cogerla. Simplemente tengo que tomar la decisión de no seguir aplazando mi felicidad para un momento futuro en el que se cumplan determinadas condiciones que me empeño en exigirle a la vida, sino que tengo que disfrutar ahora mismo de lo que en este momento está a mi alcance [41]. En efecto, hay personas que supuestamente lo tienen todo en la vida (dinero, trabajo, salud, belleza, amor, etcétera) y sin embargo son tremendamente infelices, mientras que otras personas viven en las condiciones más adversas imaginables (tetrapléjicos que no pueden mover más que la cabeza, enfermos terminales con dolores horribles, prisioneros inocentes que son torturados por defender sus ideales, etcétera) y sin embargo son muy felices. Resulta extremadamente paradójico, pero es un hecho demostrado [42]. ¿Cómo es posible?

Erich Fromm explica magistralmente en su libro *¿Tener o ser?* [43] que hay dos maneras contrapuestas de entender la vida. Si me oriento por el tener, quiero poseer cosas y personas, quiero controlar situaciones, quiero una seguridad que nunca podré alcanzar, porque siempre me podrán quitar lo que tengo. Si me oriento por el ser, las posesiones materiales son solo un medio para vivir, pero no la finalidad de mi vida, la cual consiste en desarrollar mi personalidad y mis capacidades, y en disfrutar de lo que hago en cada momento; no tengo miedo porque nadie me puede robar mis cualidades personales, y soy feliz porque soy libre y hago lo que quiero dentro de mis posibilidades.

"En el modo de ser, la posesión privada (la propiedad privada) tiene poca importancia afectiva, porque yo no necesito poseer algo para gozarlo, y ni siquiera para usarlo. En el modo de ser, muchas personas (de hecho millones) pueden

compartir el gozo del mismo objeto, ya que nadie necesita (o desea) tenerlo como condición para gozarlo. Esto no solo evita la lucha, sino que crea una de las formas más profundas de la felicidad humana: el gozo compartido. Nada une más (sin limitar la individualidad) que compartir la admiración o el amor a una persona; compartir una idea, una pieza de música, un símbolo, un rito, o aun las penas. La experiencia de compartir forma y mantiene viva la relación entre dos individuos vitales; es la base de todos los grandes movimientos religiosos, políticos y filosóficos" [44].

Este es el motivo por el que prácticamente todas las religiones animan a sus fieles a que desprecien las riquezas materiales y cultiven la dimensión espiritual.

No obstante, sí que hay determinadas condiciones materiales que favorecen mucho la consecución de la felicidad. Sobre esto se han escrito infinidad de libros. Ahora vamos a resumir las conclusiones de dos de ellos [45], que destacan por su sólida fundamentación científica.

Ya los antiguos romanos recomendaban: *mens sana in corpore sano*, es decir, una mente sana en un cuerpo sano. Para el bienestar corporal son importantes los siguientes factores:

— Aire limpio
— Agua pura
— Comida natural y saludable
— Descanso y sueño
— Movimiento, es decir, ejercicio físico diario
— Luz del sol
— Higiene y limpieza
— Un entorno agradable: vivienda, lugar de trabajo, jardines, espacios naturales
— Una sexualidad sana y reconfortante.

97

Para el bienestar mental son importantes los siguientes factores:

- Cultivar las emociones positivas y sanar las negativas
- Relaciones de amor y cariño con las personas más allegadas
- Relaciones amistosas con el prójimo
- Una actitud vital activa, no pasiva
- Variedad, no monotonía
- Atención, no dispersión
- Dedicar diariamente unos momentos a la dimensión espiritual
- Sensación de control sobre la propia vida (que es lo contrario de la sensación kafkiana de impotencia que tenemos cuando son otros quienes toman las decisiones y nos impiden influir en los factores que determinan nuestra vida)
- Conciencia y activismo ciudadanos
- Democracia
- Igualdad social.

Conviene destacar que entre estos factores no están incluidas metas materialistas como el dinero, las posesiones, el poder, la fama ni ser el número uno en algo, ya que estos «valores» no conducen al bienestar ni a la felicidad, sino solo a la riqueza exorbitante de unos pocos y al malestar de todos. Estas metas descarriadas son precisamente las que predominan en nuestra sociedad actual. Y así nos va: ¿qué mejor prueba puede haber de que este no es el camino correcto?

2.3. Virtudes y vicios

Ya se han hecho muchas investigaciones en el ámbito de la ética natural universal [46] y no es difícil elaborar una lista de valores éticos aceptables para una inmensa mayoría. Por ejemplo: ¿a quién le gusta que le torturen, roben o mientan? ¿A quién le disgusta que le traten con cariño, respeto y comprensión? ¿Quién no estaría de acuerdo con los valores que se detallan a continuación?

2.3.1. Valores éticamente correctos – incorrectos:

Amor – odio

¿Te gusta que te traten con amor, o prefieres que te traten con odio?

Cariño – frialdad

¿Te gusta que te traten con cariño, o prefieres que te traten con frialdad?

Amistad – enemistad

¿Te gusta tener amigos, o prefieres tener enemigos?

Conciliación – discordia

Los conflictos y desacuerdos son una realidad de la convivencia humana, y no son reprobables, sino problemas naturales que hay que resolver. Lo éticamente incorrecto es la actitud de discordia y enfrentamiento, en lugar de una actitud conciliadora que busque soluciones y acuerdos.

Negociación – imposición

Negociación es aquí sinónimo de diálogo, en contraste con la imposición, que se hace por la fuerza. El espíritu negociador es una de las formas en que se manifiesta la actitud conciliadora. El autoritarismo emplea normalmente la imposición.

Paz – guerra

La paz representa aquí además de su significado propio también el pacifismo y la no violencia. La guerra representa aquí también las distintas formas de violencia y agresión. La guerra es la forma extrema de discordia.

Humanidad – crueldad

Ser cruel es ser inhumano, es no tener sentimientos ni piedad.

Protección – desamparo

¿Eres una persona a la que le gusta sentirse protegida, o prefieres sentirte desamparada?

Respeto – abuso

¿Te gusta que te respeten, o prefieres que abusen de ti?

Dignidad – maltrato

¿Te gusta que te traten atendiendo a tu dignidad humana, o prefieres que te maltraten?

Justicia – injusticia

¿Te gusta que te traten con justicia, o prefieres que te traten injustamente?

Ecuanimidad – partidismo

La ecuanimidad es aquí sinónimo de imparcialidad y neutralidad. El partidismo es aquí sinónimo de parcialidad, favoritismo, corporativismo e interés particular. El partidismo es una forma de injusticia.

Igualdad – discriminación

El clasismo, el elitismo y los privilegios son formas de discriminación que atentan contra la igualdad.

Integración – marginación

Los sistemas de castas, la exclusión social, la segregación, el racismo y la xenofobia son formas de marginación. La marginación es a su vez una forma de discriminación. Integrar quiere decir incluir a todas las personas en un mismo cuerpo social.

Libertad – opresión

La esclavitud es una forma extrema de opresión. La libertad es intrínseca al ser humano; nadie nos la puede quitar. Pueden convencernos o coaccionarnos para que no hagamos uso de ella, pero en última instancia siempre somos libres de elegir si queremos tolerar un abuso o si nos rebelamos, aunque ello nos pueda costar la vida. El pueblo griego hace milenios que tiene un lema: "¡Libertad o muerte!". No es por casualidad que fueran ellos los inventores de la democracia y que hayan sido capaces de sobrevivir a los avatares de la historia a pesar de ser un pueblo pequeño en número y pobre en recursos naturales: después de más de tres mil años, son ya muchos los pueblos que se han extinguido porque fueron exterminados o asimilados. Si tenemos miedo a perder nuestra vida o nuestras comodidades, acabaremos indefectiblemente en la esclavitud; si nuestra prioridad es un valor moral como la libertad aun a riesgo de perder lo material, entonces conquistaremos la libertad y conservaremos lo material.

Democracia – dictadura

¿Quieres tomar parte en las decisiones acerca de lo que te afecta, o prefieres que personas desconocidas te manipulen y te hagan trabajar en su beneficio y en tu perjuicio?

Legalidad – ilegalidad

La ley es el único instrumento que permite garantizar que el fuerte no abusará del débil. Si no fomentamos que se respete estrictamente la ley, estamos socavando su fuerza y por tanto minando el fundamento básico de una sociedad justa, igualitaria y feliz. Hoy en día en España eludir el cumplimiento de la ley es el deporte nacional: si por ejemplo alguien nunca engaña a Hacienda y nunca se salta el código de circulación, pensamos que es tonto de capirote. Aunque no lo queramos reconocer, el principio «ético» que en el fondo estamos siguiendo es el siguiente: "Aprovéchate del prójimo y de la comunidad siempre que puedas, porque si no, serán ellos quienes se aprovechen de ti". Esta mentalidad inmoral más propia de timadores y de ladrones que de ciudadanos decentes y civilizados tiene que cambiar radicalmente si queremos que algún día el mundo deje de pertenecer a los más fuertes y desalmados.

Honradez – corrupción

¿Te gustaría que los políticos y empresarios fueran honrados, o prefieres que sean corruptos?

Transparencia – ocultación

¿Te gusta que tus gobernantes te digan lo que están haciendo con el dinero de tus impuestos, o prefieres que te lo oculten?

Solidaridad – egoísmo

La solidaridad es equiparable a la fraternidad, nos hace desear el bien común y es lo contrario del individualismo. El egoísmo nos hace desear beneficios privados y exclusivos.

Colaboración – competencia

La competencia está profundamente enraizada en nuestra sociedad, es la base de nuestra economía y de nuestra cultura. Los trabajadores compiten entre sí para conseguir un puesto de trabajo. Las empresas compiten entre sí para hacerse con un hueco en el mercado. Los países compiten entre sí por la hegemonía. Los deportistas compiten entre sí para alcanzar los primeros puestos. Los participantes de un concurso cultural compiten entre sí para ser los mejores. Nuestro tiempo de ocio lo dedicamos a menudo a juegos de mesa, compitiendo contra nuestros seres queridos; más de un conflicto familiar serio se ha desatado por una partida de parchís y más de una amistad se ha roto porque el amigo hacía trampas jugando a las cartas. Y cuando no competimos con nadie, competimos con nosotros mismos para batir nuestro propio récord. La consecuencia de esta ansia por ir cada vez más rápido y llegar cada vez más lejos para alcanzar la excelencia es que, por ejemplo, los deportistas profesionales hacen esfuerzos físicos excesivos y dañan su salud. La competencia requiere que para que uno gane, los demás tienen que perder. Y si hoy ganas, aunque seas el número uno en el mundo, nada te garantiza que la próxima vez lo vuelvas a conseguir; de hecho, es poco frecuente que los campeones mundiales renueven su título por mucho tiempo. Por tanto, la competencia nos convierte en perdedores a la inmensa mayoría durante casi todo el tiempo. Además, favorece la enemistad y el juego sucio, a la vez que desfavorece la deportividad y el juego limpio. La vida en su conjunto se convierte entonces en una lucha despiadada, donde el individuo, si quiere sobrevivir, no tiene más remedio que comportarse de forma combativa y sin contemplaciones, y donde los demás seres humanos son, al menos potencialmente, nuestros competidores y enemigos. En tales circunstancias nos sentimos permanentemente amenazados por las otras personas y presionados por la situación de confrontación que en todo momento nos impide descansar y bajar la guardia, nos obliga a estar siempre en tensión y esforzándonos al máximo, nunca nos permite relajarnos ni darnos por satisfechos con los éxitos que hayamos conseguido, ya que en cualquier momento nos los pueden volver a quitar. Consecuencia de esta actitud vital de enfrentamiento permanente son el aislamiento, la soledad, la ansiedad, el estrés y la depresión. Está claro que la competencia nos motiva a rendir más, pero es una motivación negativa que tiene muchos efectos secundarios perjudiciales y resulta mucho menos eficaz que las motivaciones positivas como, por ejemplo, la satisfacción personal por el trabajo bien hecho o el reconocimiento de nuestros méritos por parte de otras personas. Es preciso, pues, revisar nuestra escala de valores y que nos decidamos a considerar la competitividad como uno de los «valores» más perniciosos y destructivos.

Comunicación – aislamiento

El aislamiento es la consecuencia inevitable del individualismo, del egoísmo, de la competencia y de la insolidaridad. Pero el aislamiento nos hace extremadamente infelices, mientras que comunicarnos con nuestros seres queridos es una necesidad emocional básica.

Generosidad – codicia

Hoy en día todo gira en torno al dinero. La codicia es un vicio que se ha extendido por todas partes como un tumor maligno. La actual crisis es una clara demostración de por qué la codicia es mala. La codicia es también el motivo último del deterioro ambiental. Muy pocos se atreven a reconocerlo, pero de hecho tanto los individuos y las empresas como los gobiernos se rigen mayoritariamente por el siguiente principio «ético»: hay que conseguir lo más rápidamente posible la mayor cantidad posible de dinero, sin que importen los daños medioambientales o sociales que con ello se puedan provocar. En contraposición con la codicia, la generosidad procede del goce de compartir.

Empatía – envidia

La envidia nos lleva a desearle el mal a la persona que tiene algo que nosotros no tenemos. Esta actitud no solo es dañina, sino también insaciable, ya que siempre habrá alguien que sea más joven, más guapo, más hábil, más rico o más lo que sea. La única escapatoria de esta trampa es conformarnos con lo que tenemos. Si además cultivamos la empatía, seremos capaces de identificarnos con el prójimo y alegrarnos de lo bueno que tiene, independientemente de lo que nosotros tengamos.

Confianza – traición

Está demostrado empíricamente que es más fácil que las personas se decidan a hacer negocios unas con otras si hay un clima de confianza. El nivel de riqueza material que hay en una sociedad es directamente proporcional a su nivel de confianza en el prójimo [47]. Si traiciono a alguien que puso su confianza en mí, estoy cometiendo una bajeza muy sucia. Este tipo de actitud es inmensamente destructiva y dificulta seriamente la posibilidad de una convivencia en armonía.

Sinceridad – falsedad

Decir la verdad es una condición necesaria para que haya comunicación, confianza, fraternidad y colaboración. La sinceridad incluye decir la verdad, pero también darla a entender de forma indirecta o por omisión. Dentro de la falsedad, están englobadas la mentira, la tergiversación, el fingimiento, la ocultación de información relevante y las demás formas de llevar a engaño al prójimo. Hay múltiples maneras de dar a entender cosas que no hemos afirmado ni negado explícitamente [48].

Realismo – adulación

A las personas nos gusta que nos alaben, y la alabanza es buena siempre que sea sincera y acorde con la realidad, porque en caso contrario es hipocresía y adulación. Los hipócritas nunca mienten por benevolencia, sino para obtener algún tipo de beneficio por parte de la persona a la que adulan. Hemos de ser conscientes de la segunda intención subyacente en toda adulación para no ser víctimas de sus tretas, y hemos de contrarrestar esas exageraciones con un sano realismo a la hora de formarnos una opinión sobre nuestra propia valía.

Reconocimiento – desprecio

La mejor manera de promover actitudes éticas en el prójimo, de motivarlo para que rinda más y de conseguir un ambiente agradable de colaboración y convivencia, es reconocer sus méritos mostrando interés y aprecio sinceros y realistas. Los seres humanos tenemos las emociones a flor de piel y somos muy sensibles al desprecio, que hiere profundamente nuestros sentimientos porque consideramos que menoscaba nuestra dignidad. La indiferencia es la forma más cruel de desprecio.

Benevolencia – malevolencia

Benevolencia es aquí sinónimo de bondad, buena intención y buena fe. Malevolencia es aquí sinónimo de malignidad, mala intención y mala fe.

Construcción – destrucción

La crítica constructiva es buena porque descubre fallos y propone soluciones. La crítica destructiva es mala porque se limita a buscar defectos a todo y bloquea cualquier iniciativa. La difamación y la maledicencia son actitudes destructivas, como también lo es cualquier forma de agresión física o verbal. La colaboración es la actitud constructiva por excelencia.

Paciencia – ira

La paciencia es sinónimo de calma y tranquilidad ante la adversidad, el fracaso y la frustración. Es una virtud imprescindible cuando las cosas se ponen difíciles. La ira nos conduce a ataques de rabia, a perder los papeles y a tirarlo todo por la borda de forma irreflexiva. La ira es ciega y destructiva, y en la mayor parte de los casos nos lleva a hacer cosas de las que luego nos arrepentiremos.

Humildad – soberbia

Es soberbia la persona que carece de capacidad de autocrítica, se cree la mejor, tiene ansias de protagonismo, deseo de destacar, de alcanzar la fama. El personalismo es una de las formas en que se manifiesta la soberbia. La humildad parte de la base de reconocer que soy simplemente un ser humano, y por tanto necesariamente me equivoco, tengo defectos y limitaciones. La humildad no tiene nada que ver con la humillación ni con el apocamiento, sino con una autoestima realista y madura. La humildad es incompatible con el clasismo y está emparentada con el sentimiento de igualdad y con el respeto a la dignidad del prójimo.

Comprensión – intolerancia

La persona intolerante no acepta que otras personas piensen o actúen de manera distinta a ella. Hay quien piensa que la tolerancia es permisividad despreciativa y la vive como la actitud soberbia de perdonar la vida a otros seres humanos, considerarlos inferiores y equivocados, pero dejarlos hacer. Tal actitud es insuficiente y procede del desconocimiento. No se puede amar aquello que no se conoce bien. Odiamos y despreciamos aquello que solo conocemos a través de nuestros prejuicios erróneos. Solo cuando comprendemos al prójimo, es cuando somos verdaderamente tolerantes con sus diferencias, porque tenemos con él una relación enriquecedora de intercambio mutuo de opiniones, conocimientos, formas de ser y modos de ver la vida.

Raciocinio – arbitrariedad

El término raciocinio se refiere aquí a la capacidad de razonar civilizadamente y con sentido común, frente a la irracionalidad de quien no admite argumentos, sino que solo está dispuesto a salirse con la suya porque sí. La conducta que en el fondo no tiene más explicación y justificación que el principio de que "¡Es así porque lo digo yo, y no hay más que hablar!" es la que da origen a la arbitrariedad, que es el polo opuesto de la justicia, la igualdad y el respeto.

Apertura – prejuicio

Apertura de mente es sinónimo de amplitud de miras, mientras que el prejuicio es un ejemplo de la estrechez de miras de quien se aferra a su sistema cerrado de creencias porque tiene miedo a la verdad, ya que no se siente capaz de afrontarla. La persona mentalmente abierta está dispuesta a aceptar cualquier dato o argumento nuevo, aunque le rompa los esquemas previos que tenía hasta entonces. Si la evidencia contradice nuestros esquemas, habrá que adaptarlos a los hechos, en lugar de manipular la realidad tergiversándola hasta que encaje por la fuerza en nuestros esquemas erróneos preestablecidos.

Reconciliación – venganza

La venganza nunca es dulce, nunca satisface plenamente. Y nunca sirve para solucionar un conflicto, sino para agravarlo, porque provoca que la otra parte busque revancha. La única manera de solventar un conflicto en el que una parte o ambas se sienten afrentadas es buscar caminos de reconciliación que dejen definitivamente satisfechas a ambas partes.

Reivindicación – resentimiento

El resentimiento se origina cuando aguantamos y callamos ante una situación que nos parece indigna. La solución para que esto no ocurra es reivindicarnos abiertamente cada vez que sintamos que somos víctimas de un atropello. Si para evitar un conflicto callamos y no nos reivindicamos, lo único que conseguimos es acumular resentimiento, que tarde o temprano hará estallar un conflicto mucho más grave y además desproporcionado.

Aceptación – resignación

Aceptar que la vida es como es (y no como nos gustaría que fuera) es una condición indispensable para ser feliz. Constantemente la vida nos da unas cosas y nos quita otras, sin que podamos hacer nada para evitarlo. Aferrarse mentalmente a lo que de hecho ya no tenemos es garantía de infelicidad y frustración permanentes. Aceptar sin amargura el fluir de los acontecimientos, soltar y dejar que se marche aquello que hemos perdido irremediablemente es una de las lecciones más importantes que hemos de aprender en la vida. Los apegos mundanales son el principal obstáculo para alcanzar la felicidad. Esta aceptación de lo inevitable no debe confundirse con el fatalismo, la resignación y el abandono. Sería una lástima y una estupidez dejarse llevar por el desaliento y caer en la apatía y en la inacción cuando en realidad hay muchas cosas que sí podemos hacer para influir positivamente en nuestras vidas.

Nobleza – mezquindad

Se trata aquí no de la nobleza aristocrática, sino de la nobleza de espíritu, que es propia de quienes juegan limpio y persiguen altos ideales. La mezquindad es la pobreza de espíritu, propia de quien no ve más allá de sus deseos materiales inmediatos y carece de una perspectiva amplia en la que haya lugar para el bien común.

Moderación – exceso

Ya Aristóteles dijo que la virtud está en el justo término medio. Los excesos son, por definición, malos.

Naturalidad – artificio

La naturalidad es aquí sinónimo de sencillez, espontaneidad y autenticidad, mientras que el artificio significa aquí diletantismo, hastío, ánimo degenerado y decadente, saturación, retorcimiento, morbo y depravación. No hay que confundir el arte y la complejidad de los conocimientos desarrollados con el artificio, que es la vaciedad de quien está cansado de probarlo todo y sigue sin encontrarle sentido a la vida, de manera que empieza a buscar nuevos estímulos en los excesos y en los vicios. En su sentido moral, sofisticación es un término negativo sinónimo de artificio, pero en su sentido tecnológico es un término positivo sinónimo de desarrollo avanzado.

Motivación – pereza

El interés y el entusiasmo dan origen a la motivación. Si tenemos motivación, nos ocupamos activamente con lo que nos conviene y nos hace felices. La pereza procede de la falta de interés, del aburrimiento y de la aversión al esfuerzo. La pereza nos lleva a la pasividad y nos paraliza, de tal manera que dejamos pasar de largo las oportunidades de felicidad y plenitud que la vida nos ofrece.

Disciplina – indolencia

En época de Franco se abusó perversamente del concepto de disciplina, que hoy en día tiene para muchas personas una connotación de autoritarismo que la desprestigia gravemente. La disciplina bien entendida es una virtud personal gracias a la cual la voluntad individual vence las resistencias de la pereza propia y de la inercia del hábito, permitiendo así la consecución de los fines que la persona se ha propuesto para sí misma. La disciplina está relacionada con la constancia. La indolencia está relacionada con la dejadez.

Entereza – flaqueza

La entereza es la fortaleza espiritual frente a las dificultades y la adversidad, mientras que la flaqueza es la debilidad espiritual de quien se arruga y acobarda en seguida. La entereza requiere paciencia, constancia, disciplina y motivación.

Esperanza – desesperación

La esperanza sana es la capacidad de motivarse e ilusionarse de forma madura y realista. Es la capacidad de ver la luz al final del túnel sin autoengañarse. La desesperación proviene del desánimo y de la flaqueza y nos deja sin recursos para superar las dificultades.

Compromiso – pasotismo

Nuestra sociedad actual está gravemente enferma de pasotismo, que se caracteriza por la indiferencia, la insensibilidad, la desmotivación y la desesperación. A nivel social el pasotismo se origina en la desconfianza y genera insolidaridad. A nivel individual el pasotismo se origina en la pereza y es una causa importante de fracaso y de estancamiento en la vida de la persona. El compromiso es la capacidad de implicarnos activamente y con constancia en esfuerzos de interacción con otras personas destinados a la consecución de los fines individuales y sociales que consideramos que valen la pena.

Determinación – indecisión

Si tenemos entereza y unos objetivos claros, podremos actuar con determinación y nuestras posibilidades de éxito serán grandes. No hay que confundir la indecisión con la duda inteligente, ni la determinación con la obcecación, la tozudez y la irreflexión.

Atención – dispersión

Una mente dispersa es la que no es capaz de concentrarse ni de prestar atención a un tema. Una persona con mente dispersa difícilmente conseguirá alcanzar sus objetivos en la vida y tampoco rendirá en el trabajo.

Variedad – monotonía

El ser humano necesita variedad de estímulos. La monotonía acaba necesariamente generando aburrimiento, falta de atención, desmotivación y abundantes errores. No obstante, un exceso de estímulos aturde, insensibiliza y puede conducir a los vicios del artificio y el lujo.

Felicidad – miedo

Lo que nos impide ser felices es el miedo a los fantasmas del pasado y el miedo a lo que en el futuro podríamos perder o sufrir. Ser feliz es disfrutar en el momento presente de lo que somos y tenemos ahora [49].

Creatividad – pasividad

Las actividades creativas y artísticas son una necesidad espiritual del ser humano y contribuyen esencialmente a su felicidad. La pasividad es perjudicial física y emocionalmente, ya que la vida es movimiento y actividad, mientras que la pasividad se alinea con la parálisis, la enfermedad y la muerte.

Vitalidad – amargura

La tristeza es la emoción contraria a la alegría. Aunque no es una emoción que se disfruta, es necesaria para superar la fase de duelo por una pérdida material o personal. Es, pues, una emoción buena, ya que resulta sanadora [50]. La amargura es una tristeza crónica y malsana que ha perdido el contacto con la realidad que históricamente la causó y se retroalimenta a sí misma en un círculo vicioso sin fin que hunde a la persona en la negatividad. La vitalidad es la tendencia general que tienen las personas felices a la alegría, la positividad y la actividad, sin excluir fases de tristeza sana cuando son necesarias. Los niños pequeños son por naturaleza vitales y no conocen la amargura.

Moralidad – cinismo

En la actualidad está de moda el cinismo, que es el desprecio a la moralidad. Esta falta de orientación, de valores y de escrúpulos es el caldo de cultivo ideal para la expansión del neoliberalismo, es decir, para el abuso, la explotación y la opresión sin límites.

Responsabilidad – culpa

El vicio contrario a la culpa es la altanería de quien cree que lo hace todo bien, pero la virtud opuesta a la culpa es la responsabilidad, que consiste en comprender lo que está bien y lo que está mal y ser conscientes de nuestros actos. La culpa es éticamente mala porque solo sirve para reprimirnos y destruir nuestra autoestima.

Autoestima – vergüenza

El vicio contrario a la vergüenza es la desvergüenza o sinvergonzonería, pero la virtud opuesta a la vergüenza es la autoestima, que nos permite enorgullecernos de lo que somos y hacemos. La vergüenza es éticamente mala porque es un instrumento de represión que destruye nuestra autoestima.

Autosuperación – reproche

El reproche hace a las personas sentirse culpables y las hunde en la negatividad, sirve para reprimirlas, pero no para hacerlas éticamente mejores, mientras que las explicaciones razonadas y el refuerzo positivo les permiten conservar su autoestima, mejorar éticamente y superarse a sí mismas. La autosuperación es muy placentera; es un proceso natural que tiene lugar cuando crecemos y cuando aprendemos.

Educación – represión

Si pretendemos reprimir los comportamientos inmorales haciendo que la persona descarriada se avergüence y se sienta culpable, lo único que conseguiremos es aniquilar su personalidad o bien, si tiene un carácter fuerte, conseguiremos que se rebele y reaccione justamente en contra de lo que predicamos. El fomento de la vergüenza y de la culpa es un instrumento de represión. Al reprimir, destruimos la libertad, que es una condición necesaria para que pueda haber comportamiento ético. Si queremos fomentar la moralidad, en primer lugar tenemos que hacer que las personas comprendan por qué determinadas actitudes son malas, y en segundo lugar tenemos que fortalecer su personalidad para que sean capaces de resistir la tentación y practicar la virtud. Educar a las personas es mostrarles cuál es el camino correcto y alentarlas a seguirlo. Dar ejemplo es la única manera efectiva de educar.

Ilustración – adoctrinamiento

No se debe adoctrinar a las personas en un pensamiento único, ni siquiera en los valores éticos que se propugnan en el presente escrito, sino que se debe educar a las personas para que hagan uso de la libertad de pensar por sí mismas. Pensamiento crítico es en este sentido lo contrario de pensamiento único. El espíritu ilustrado es el que se atreve a lanzarse a la aventura de la búsqueda de la verdad con apertura de mente.

Disfrute – estrés

Hoy en día ya nadie puede dudar de que el estrés cause graves perjuicios a la salud, tanto a la psicológica como a la corporal. El mejor antídoto contra el estrés es vivir el momento presente con consciencia y disfrutarlo con intensidad.

Calma – prisa

La calma no es sinónimo de lentitud, sino de paz interior; no es sinónimo de pasotismo, sino de tranquilidad de ánimo. La prisa genera nerviosismo, estrés, confusión, aturdimiento, pérdida de concentración y reducción de la eficiencia. La calma es un requisito necesario para la concentración completa, la cual nos permite sacar el máximo partido a nuestras capacidades y posibilidades.

Bienestar – penuria

El bienestar no es sinónimo de riqueza, sino de calidad de vida. Los criterios que definen la calidad de vida son los mismos que los factores que contribuyen a la felicidad, y los hemos visto en el apartado 2.2. Es posible tener la máxima calidad de vida con muy poco dinero, y también ocurre frecuentemente que personas con mucho dinero tienen una calidad de vida pésima. La pobreza definida en términos de posesiones materiales no es necesariamente mala; de hecho, hay muchas religiones que la exigen como requisito imprescindible para alcanzar la riqueza espiritual. Hay penuria cuando la escasez de recursos materiales trae como consecuencia una baja calidad de vida.

Parquedad – lujo

La parquedad es la virtud de saber prescindir de lo superfluo para no consumir más recursos naturales y económicos de los necesarios, sin por ello perder calidad de vida. El lujo es la afición desmesurada por lo caro y selecto, es decir, por lo que no está al alcance de todos. El lujo suele ir acompañado de ostentación, es decir, de la exhibición de estos privilegios para presumir de ellos, y se origina en el deseo de ser superior a los demás o al menos aparentarlo, lo cual está en el polo opuesto de la igualdad y de la solidaridad. La parquedad no es la renuncia de quien se conforma con poco, sino el gozo de quien se contenta con las cosas sencillas, que suelen ser las que más plenitud proporcionan. El lujo genera vaciedad e insatisfacción.

Valentía – cobardía

La valentía es la capacidad de sobreponerse al miedo, y es un requisito indispensable para ejercer nuestra libertad. La cobardía se origina en el miedo y es uno de los principales factores que nos conducen a la esclavitud y a la infelicidad.

Flexibilidad – inflexibilidad

La flexibilidad es una de las manifestaciones prácticas de la apertura de mente. Cuando una persona está dispuesta a aceptar las situaciones como vienen, se muestra flexible: como la rama flexible de un árbol, al presionarla se dobla sin romperse y luego vuelve a su posición original. Por el contrario, una rama rígida e inflexible parece más fuerte cuando no está bajo presión, pero se rompe cuando se ve sometida a una presión grande.

Sabiduría – ignorancia

La erudición consiste en conocer muchos datos, en ser una enciclopedia viviente, mientras que la sabiduría consiste en disponer de conocimientos en la cantidad suficiente para atender las necesidades prácticas de la vida y con la calidad suficiente para estructurar nuestra mente con una visión del mundo que se corresponda con la realidad, de manera que este saber nos permita adaptarnos a las circunstancias de la vida de una forma adecuada. La ignorancia significa que desconocemos destrezas prácticas, datos concretos y relaciones entre estos datos, lo cual nos hace incapaces de afrontar convenientemente las situaciones de la vida.

Consciencia – impulsividad

La consciencia requiere calma, sabiduría y estar alerta. Nos permite saber quiénes somos, dónde estamos, qué está pasando y cómo debemos actuar. La impulsividad se origina en la irreflexión y hace que nos dejemos llevar por nuestras propias emociones incontroladas o por quienes nos manipulan. La consciencia consiste en saber reconocer nuestra propia voz interior auténtica y dejarnos guiar por ella. La consciencia nos proporciona control sobre nuestra propia vida, mientras que la impulsividad nos hace perder ese control.

Profundidad – superficialidad

Superficialidad es sinónimo de trivialidad y frivolidad, mientras que la profundidad se alcanza cuando se toman en serio las cuestiones que de verdad son importantes. Esta seriedad es incompatible con el humor amargo y con el humor vacío y absurdo, pero hay otras clases de humor que complementan la seriedad y ahondan la profundidad, como el humor crítico e inteligente, pero también el humor sencillo y espontáneo sin pretensiones. La superficialidad es propia del materialismo, mientras que la profundidad es propia de quienes son conscientes de su dimensión espiritual. El consumismo es la cultura del lujo superficial que no proporciona satisfacción duradera. Solo una persona que sabe sonreír, reír y sobre todo reírse de sí misma puede ser verdaderamente profunda y seria. El sentido del humor es esencial para tener unas emociones positivas y una mente sana. La belleza exterior es superficial; la belleza interior es profunda. En nuestra sociedad materialista actual se valora sobre todo la belleza física exterior, mientras que la belleza interior y los valores morales han caído en el olvido. Sin embargo, la belleza exterior en realidad tiene muy poca relevancia, mientras que los valores éticos y espirituales son de importancia decisiva para alcanzar la felicidad y el equilibrio en un mundo que, como hemos visto, no es de naturaleza material, sino espiritual.

Ser – tener

Esta distinción sirve como resumen de los valores anteriores. Se ha explicado en el apartado 2.2.

2.4. ¿Es posible?

¿Es posible ser feliz? Hemos visto que sí, que puedo empezar a serlo en este mismo instante, si así lo decido.

¿Es posible gozar de las condiciones de bienestar corporal mencionadas? Por supuesto que sí. Nada de ello es caro, sino que está al alcance de todo el mundo. Tan solo hay que vivir fuera de las grandes urbes y llevar un modo de vida ecológico, lo cual hoy en día ya es técnicamente factible (y ha sido el único modo de vida existente desde la Edad de Piedra hasta el siglo XIX). Solo hace falta la voluntad política de llevarlo a cabo.

¿Es posible fomentar las emociones positivas y no dejarse dominar por las negativas? Desde luego que sí. Podemos hacerlo, y todos estamos a tiempo de aprenderlo, si es que aún no lo sabemos. Daniel Goleman lo demuestra en su libro *Inteligencia emocional* [51].

¿Es posible sanar nuestras relaciones familiares y sociales para sustituir el odio y el rencor por el afecto y el amor? Sí, sin duda: las librerías están llenas de libros de autoayuda que explican cómo [52]. También hay numerosos profesionales de la psicología que nos pueden orientar.

¿Es posible vivir la espiritualidad sin religiones, sin dogmas, de forma racional y científica? Claro que sí. Una espiritualidad laica con fundamentación sólida y profundidad máxima no solo es posible, sino que es la mejor manera de interiorizar qué es la vida y quiénes somos. Hay muchos libros excelentes que lo explican muy bien. Merece especial mención la obra de Eckhart Tolle [53].

¿Es posible liberarse del materialismo consumista? Enrique Lluc Frechina, profesor de economía en la Universidad CEU Cardenal Herrera de Valencia, muestra claramente que el consumismo nos crea una insatisfacción permanente, y propone vías alternativas concretas [54].

¿Es posible acabar con la economía de libre mercado y libre expolio para instaurar un orden económico justo y humano? Christian Felber, profesor de economía en la universidad de Viena, ha desarrollado un modelo alternativo al capitalismo que ya está empezando a funcionar en la práctica: la economía del bien común [55].

¿Es posible que la mayoría de la población pase del individualismo a la solidaridad? En cada ser humano hay dos tendencias: la egoísta y la altruista. Indiscutiblemente, el comportamiento mayoritario actual es egoísta. Pero la naturaleza esencial del ser humano, lo que en el fondo todos anhelamos y necesitamos, aunque muchos todavía no se hayan dado cuenta, es amarnos unos a otros. Si la especie humana no se autodestruye antes, tarde o temprano las personas se darán cuenta de que con el egoísmo no son felices. Además, hay precedentes históricos de sociedades enteras que han llevado a cabo un viraje de este tipo: nadie hubiera dicho que un predicador ambulante y harapiento llamado Jesucristo, que proclamaba la igualdad de todos, incluyendo a pobres, esclavos y mujeres, sería capaz de acabar con la esclavitud en el imperio romano. Su mensaje obtuvo tan gran aceptación social que en relativamente poco tiempo el Estado se vio obligado a declarar el cristianismo institucionalizado como religión oficial para evitar ser arrollado por el movimiento popular. Nadie hubiera dicho que un abogado indio escuálido llamado Gandhi, que vivió muchos años en Sudáfrica y pasó buena parte de su vida en la cárcel, acabaría conduciendo a la población de la India a un comportamiento ético tan ejemplar que consiguió liberar al país del yugo británico de forma no violenta. Nadie hubiera dicho que un rebelde negro llamado Mandela, que cumplía cadena perpetua en prisión y fue calificado como terrorista por Reagan y Thatcher, acabaría conduciendo a la población sudafricana a liberarse del *apartheid* y a reconciliarse con la minoría blanca.

¿Es posible un Estado que no oprima al pueblo, sino que se dedique enteramente a trabajar para proporcionar a las personas las condiciones óptimas para su felicidad? Según la Constitución Española, la finalidad del Estado es promover el bien de cuantos lo integran garantizando un orden económico y social justo para asegurar a todos una digna calidad de vida. Entonces ¿por qué nuestros políticos hacen justamente lo contrario de lo que ordena la Constitución, que es la norma de máximo rango? Porque la corrupción está muy extendida entre nuestros políticos, y nosotros les hemos dado nuestro voto. Y ahora ¿qué podemos hacer? Vayamos a votar en las elecciones, y seamos conscientes de a quién elegimos. En 1776 en la Declaración de Independencia de los Estados Unidos de América se proclamó lo siguiente: *"Sostenemos que las siguientes verdades son evidentes por sí mismas: que todos los hombres son creados iguales; que están dotados [...] de ciertos derechos inalienables; que entre estos están la vida, la libertad y la búsqueda de la felicidad; que para garantizar estos derechos, los hombres instituyen los gobiernos, que derivan sus poderes legítimos del consentimiento de los gobernados; que siempre que una forma de gobierno se vuelva destructora de estos principios, el pueblo tiene derecho a reformarla o abolirla, e instituir un nuevo gobierno que base sus cimientos en dichos principios, y que organice sus poderes en forma tal que les parezca más probable que genere su seguridad y felicidad".*

2.5. Conclusión

Stéphane Hessel, autor de *¡Indignaos!*, comenta que cuando él era joven y colaboraba con la Resistencia francesa, era fácil saber quién era el enemigo contra el que había que luchar: los nazis alemanes [56]. Hoy en día es más difícil, porque el enemigo no tiene cuerpo. De nada serviría guillotinar a los grandes banqueros, porque inmediatamente vendrían otros desalmados a ocupar su lugar. La violencia nunca puede ser la solución. Hemos de ser radicalmente pacifistas. El verdadero enemigo es la mentalidad materialista, la fijación por el tener. De nada serviría combatirlo con sus mismas armas. La única manera de vencerlo es instalarnos decididamente en el ser y en la consciencia de nuestra esencia espiritual compartida.

Está demostrado científicamente que la materia no existe. Por tanto, tampoco nuestro cuerpo existe. Hemos demostrado que es errónea la creencia de que somos individuos separados del todo. En consecuencia, la muerte deja de ser terrible, porque lo único que termina con ella es la apariencia de una existencia corporal individualizada. Si tenemos esto en mente, dejaremos de tener miedo a la muerte y tendremos valor para enfrentarnos a cualquier dificultad.

Si nos atormentan las graves injusticias de este mundo, recordemos que las personas egoístas nunca pueden ser felices, y que el maltrato que infligen al prójimo se lo están haciendo a sí mismas, no a escala física, pero sí a escala emocional y espiritual. Por tanto, la maldad tiene su castigo no en el futuro en un supuesto más allá, sino aquí y ahora, porque la vida es horrible para quienes viven en el odio y en el miedo en lugar de vivir en la paz y en el amor.

Hemos de cambiar de dentro afuera y de abajo arriba. Cambiemos nuestra mentalidad, y el cambio de nuestros actos vendrá por sí solo. Cambiémonos a nosotros mismos, y el cambio de quienes nos rodean se generará automáticamente como un efecto dominó.

Otro mundo es posible, porque el mundo es como nosotros lo hacemos. ¡Pongámonos manos a la obra y convirtamos este planeta en un paraíso!

3. Bibliografía

– Andrews, Frank (1993). *El libro del amor*. Madrid: Edaf.
– Asimov, Isaac (1973). *Introducción a la ciencia*. Esplugues de Llobregat (Barcelona): Plaza y Janés.
– Bryson, Bill (2005). *Una breve historia de casi todo*. Barcelona: RBA.
– Canacakis, Jorgos (1987). *Ich sehe deine Tränen*. Zúrich: Kreuz.
– Chomsky, Noam y Ramonet, Ignacio (1995). *Cómo nos venden la moto*. Barcelona: Icària.
– Diamond, Harvey y Diamond, Marilyn (1992). *Fit fürs Leben 2. Fit for Life 2*. Múnich: Goldmann.
– Dyer, Wayne W. (1978). *Tus zonas erróneas*. Barcelona: Grijalbo Mondadori.
– Elgin, Duane (2009). *The living universe*. San Francisco: Berret-Koehler.
– Felber, Christian (2012). *La economía del bien común*. Bilbao: Deusto.
– Fromm, Erich (1978). *¿Tener o ser? México: Fondo de Cultura Económica*.
– Fromm, Erich (1986). *El arte de amar*. Barcelona: Paidós.
– Gaarder, Jostein (1995). *El mundo de Sofía*. Madrid: Siruela.
– Galeano, Eduardo (1998). *Patas arriba. La escuela del mundo al revés*. Madrid: Siglo XXI de España Editores.
– Goleman, Daniel (1996). *Inteligencia emocional*. Barcelona: Kairós.
– Hawking, Stephen W. (2011). *Historia del tiempo. Del big bang a los agujeros negros*. Barcelona: Booket.
– Hessel, Stéphane (2011): *¡Comprometeos!* Barcelona: Destino.
– Huggett, Nick (2010). *Everywhere and everywhen*. New York: Oxford University Press.
– Jäger, Willigis (2008): *La ola es el mar*. Bilbao: Desclee de Brouwer.
– Klein, Stefan (2002). *La fórmula de la felicidad*. Barcelona: Urano.
– Klein, Stefan (2011). *La revolución generosa: Por qué la colaboración y el altruismo son el futuro*. Barcelona: Urano.
– Küng, Hans (1998). *Projekt Weltethos*. Múnich: Piper.
– Ladyman, James; Ross, Don; Spurret, David y Collier, John (2007). *Every Thing Must Go*. Nueva York: Oxford University Press.

– Lapiedra, Ramón (2008). *Las carencias de la realidad*. Barcelona: Tusquets.
– Lluch Frechina, Enrique (2010). *Por una economía altruista*. Madrid: PPC Editorial.
– Navarro, Vicenç; Torres López, Juan; Garzón Espinosa, Alberto (2011). *Hay alternativas*. Madrid: Sequitur.
– Tolle, Eckhart (2009). *El silencio habla*. Madrid: Gaia Ediciones.
– Tuiavii (2006). *Los papalagi*. Barcelona: RBA.
– Watts, Alan (1979). *La sabiduría de la inseguridad*. Barcelona: Kairós.
– Watzlawick, Paul (2003). *¿Es real la realidad?* Barcelona: Herder.
– Weber, Andreas (2007). *Alles fühlt*. Berlín: Berlin Verlag.
– Wilber, Ken (1985). *La conciencia sin fronteras*. Barcelona: Kairós.

4. Notas

(1) Aunque hay que matizar que sin la permisividad de la *perestroika* de Gorbachov quizá estos cambios no habrían sido posibles.

(2) Navarro, 2011.

(3) Galeano, 1998.

(4) Chomsky y Ramonet, 1995.

(5) Navarro, 2011: pág. 75.

(6) Fromm, 1978: pág. 28.

(7) Asimov, 1973.

(8) Bryson, 2005: pág. 444.

(9) Huggett, 2010: pág. 50.

(10) Huggett, 2010: pág. 47. En inglés, traducida aquí al español.

(11) Huggett, 2010: pág. 176. En inglés, traducida aquí al español.

(12) Huggett, 2010: pág. 177. En inglés, traducida aquí al español.

(13) Hawking, 2011: capítulo 8.

(14) Lapiedra, 2008: pág. 261.

(15) Ladyman y Ross, 2007. En inglés, traducida aquí al español.

(16) Bryson, 2005: pág. 179.

(17) Gaarder 1995.

(18) Véase por ejemplo Ladyman y Ross, 2007: pág. 227 y también Lapiedra, 2008: pág. 166 y 167.

(19) Bryson, 2005: pág. 181 y 182.

(20) Huggett ,2010: pág. 95.

(21) Weber, 2007.

(22) Bryson, 2005: pág. 447.

(23) Bryson, 2005: pág. 362.

(24) Klein, 2011: pág. 95 y siguientes.

(25) Ladyman y Ross, 2007: pág. 199. En inglés, traducida aquí al español.

(26) Ladyman y Ross, 2007: pág. 244. En inglés, traducida aquí al español.
(27) Wilber, 1985.
(28) Elgin, 2009.
(29) Klein, 2002.
(30) Jäger, 2008.
(31) Klein, 2011: pág. 252 y siguientes.
(32) Tuiavii, 2006.
(33) Weber, 2007.
(34) Klein, 2011.
(35) Watzlawick, 2003: pág. 7.
(36) Fromm, 1978: pág. 114.
(37) Klein, 2011.
(38) Fromm, 1986.
(39) Klein, 2011: pág. 77 y 78.
(40) Klein, 2011: pág. 89.
(41) Esta idea está expuesta en muchísimos libros de autoayuda (por ejemplo Dyer, 1978).
(42) Klein, 2002.
(43) Fromm, 1978.
(44) Fromm, 1978: pág. 114 y siguientes.
(45) Klein, 2002 y Diamond, 1992.
(46) Por ejemplo: Küng, 1998.
(47) Klein, 2011: pág. 90.
(48) La Pragmática es una disciplina de la Lingüística que se dedica a estudiar este tipo de estrategias, entre otras cosas.
(49) Para una explicación más detallada, véase por ejemplo Watts, 1979: pág. 13-37.
(50) Canacakis, 1987.
(51) Goleman, 1996.
(52) Por ejemplo: Andrews, 1993.
(53) Tolle, 2009.
(54) Lluch Frechina, 2010.
(55) Felber, 2012.
(56) Hessel, 2011.

ÍNDICE

Jolube
Consultor
y Editor
Botánico
www.jolube.es

www.ingramcontent.com/pod-product-compliance
Lightning Source LLC
Chambersburg PA
CBHW060614210326
41520CB00010B/1331